經典自行車

作者／羅貝多・古里安 Roberto Gurian

翻譯／陳心冕、高尉庭、王婉卉、廖崇佑

NATIONAL
GEOGRAPHIC

大石文化 Boulder Media
an IDG company

2-3 根據達文西的設計製造而成的自行車。
4-5 Colnago與Ferrari聯手打造的自行車，這是汽車製造商與自行車廠商合作的一例。著名的「法拉利紅」加上黑色的碳纖維，是多款Colnago Ferrari自行車配色的靈感來源。

目錄

前言   8

自行車的先驅   12

馮德萊斯男爵的德萊斯腳蹬車   16

麥克米倫的踏板式自行車   20

米修腳踏車：米修家族的改良版踏板車，1861   24

早期淑女車   28

吉梅鏈條傳動自行車（1868）和
   勞森Bicyclette小輪車（1879）   30

史達雷的艾麗兒自行車，1870   32

寶獅的Grand Bi自行車，1882   34

史達雷的Rover安全自行車，1885   36

Humber Cripper三輪車   38

托馬塞利的Bianchi自行車，1899   40

「傑哈爾上尉」摺疊式自行車，1895   42

寶獅自行車，1895、1896和1902   44

Steyr公司的Waffenrad自行車   46

BSA公司的消防自行車，1905   48

小布列塔尼的寶獅自行車，1908   50

Bianchi公司的Bersaglieri自行車   54

賓達的Legnano自行車，1932   56

現代自行車   58

二戰時期的BSA空降自行車   62

Taurus公司的Super Lautal自行車，1940   64

Graziella摺疊式自行車   66

Rossignoli公司的Garibaldi 71自行車   70

布魯克林自行車公司的Driggs三段變速車   72

Bottecchia公司的Alivio 27段變速車   74

MBM公司的Nuda自行車   76

寶獅的Legend LC11自行車   78

Schwinn公司的Vestige自行車   80

Brompton摺疊式自行車   84

BMW Cruise M-Bike自行車   86

Dawes公司的Galaxy銀河自行車   88

Legnano公司的復古紳士車   90

飛鴿   92

B'Twin公司的Original 300自行車   94

Budnitz公司的三號自行車Honey Edition   95

現代競速車   96

巴塔利的Legnano自行車和
   Campagnolo Cambio Corsa變速系統   100

寇比的世界冠軍車：Bianchi自行車，1953   104

安克提的Gitane自行車，1963   106

吉蒙迪的環法賽冠軍車：Chiorda Magni自行車，1965   110

Cinelli的卡踏自行車，1970   112

莫克斯的Colnago自行車：打破一小時場地紀錄，1972   114

莫克斯的De Rosa自行車，1974   120

Cinelli公司的Laser Pista自行車，1980   122

Look公司的KG86自行車，1986   126

博德曼的Lotus 108自行車   128

奇波利尼的Cannondale CAD3自行車   130

潘塔尼的Wilier Triestina自行車，1997   132

Colnago Ferrari自行車   134

Cannondale公司的Supersix Hi-Mod自行車   142

威金斯的Pinarello Dogma 2自行車，2012   144

Specialized公司的S-Works McLaren Tarmac自行車   146

尼巴里環法賽專用車：
Specialized公司的S-Works自行車，2014   150

手工自行車   152

甘納維格的Bough自行車   156

BME Design公司的B-9 NH黑色款   158

Rusby自行車公司的Jake's Town自行車   162

薩萊的Veloboo Gold自行車   166

Vuelo Velo公司的Copenhagen自行車   170

Sartoria Cicli公司的Forbici d'Oro自行車   176

Ultracicli公司的Porteur自行車   180

Italia Veloce公司的Magnifica自行車   182

Vandeyk公司的Machine For Riding自行車   186

概念自行車   192

Sada自行車   196

薩吉夫與薩德的Izzy塑膠自行車   200

薩吉夫的MiniMum自行車   202

薩吉夫的Luna自行車   204

Sizemore公司的Denny自行車   208

寶獅的B1K自行車   214

寶獅的DL122自行車   216

山葉公司的PAS With自行車   218

登山車   220

Schwinn公司的刺魟自行車   224

Specialized公司的Stumpjumper自行車，1981   226

Cinelli公司的Rampichino自行車，1985   228

Mountain Cycle公司的San Andreas自行車，1991   230

Foes公司的LTS自行車   232

Cannondale公司的Raven自行車，1998   236

Scott公司的Genius自行車   238

Surly公司的Moonlander胖胎車   242

電動輔助自行車   246

VéloSolex輕型機踏車   250

配備Mosquito引擎的Bianchi自行車   256

Smart公司的Ebike自行車   258

KEB MTB登山車   264

Cannondale公司的Tramount 29er自行車   266

Cube公司的Stereo Hybrid 140電動輔助自行車   267

索引   268
圖片來源   272

前言

　　自行車發明至今依然是自行車，但各方面都已大異其趣，能滿足各式品味與需求。自從最早的兩輪載具問世以來已經過了幾個世紀，所以我們若想真正了解自行車，第一步就要先釐清自行車的定義。因此，本書以人類最初想要用人力帶動兩個輪子來代步這個奇特的嘗試開始，作為自行車歷史的起點；而有趣的是，我們也會看到自行車的誕生帶動了早期機動車在20世紀上半葉的發展與普及。為了這個目的，我們需要把早期自行車、踏板車、三輪車，與其他較現代的車輛區分開來，大約以第二次世界大戰前後幾年為界。

　　我們也會看見自行車如何在近代發展出愈來愈多樣的形式與功能，從單純的「馱獸」，進化成動力與美感兼具的工具——這樣的轉變必須歸功於自由車賽；事實證明，競速賽正是新款自行車的最佳試金石，因此本書特別用專章介紹現代公路車，這是單車發展史上的分水嶺，包括變速系統的誕生、製造材料的改變、碳纖維的引進，與卡式踏板的發明，都是因公路車而出現。此外，我們也會特別關注自行車工匠和他們的作品，和市面上已經非常多樣化的量產車比起來，手工車仍自成一格；本書精選了幾款最奇異、最有趣、最精美的設計，帶領讀者一覽手工自行車的世界。

　　自行車未來一定會不斷進化，因此本書收錄了許多目前的原型車或概念車，從這些設計可以看出自行車的發展方向。當然我們也不能忘了登山車，這一類的車起初是為挑戰機車越野賽道而生，幾乎是純消遣用，之後大受歡迎，不僅自成一類，也發展出各式各樣的專門車款。

　　最後，我們將一窺電動輔助自行車。隨著電動馬達及新一代小型電池的問世，這個車種迅速發展；我們可以大膽預測，在不久的將來，電動輔助自行車和電動汽車都會在環保交通領域中扮演要角。

8-9 早期踏板車的踏板直接和車輪相連，在鏈條傳動自行車出現以前，曾經風靡了一小段時間。

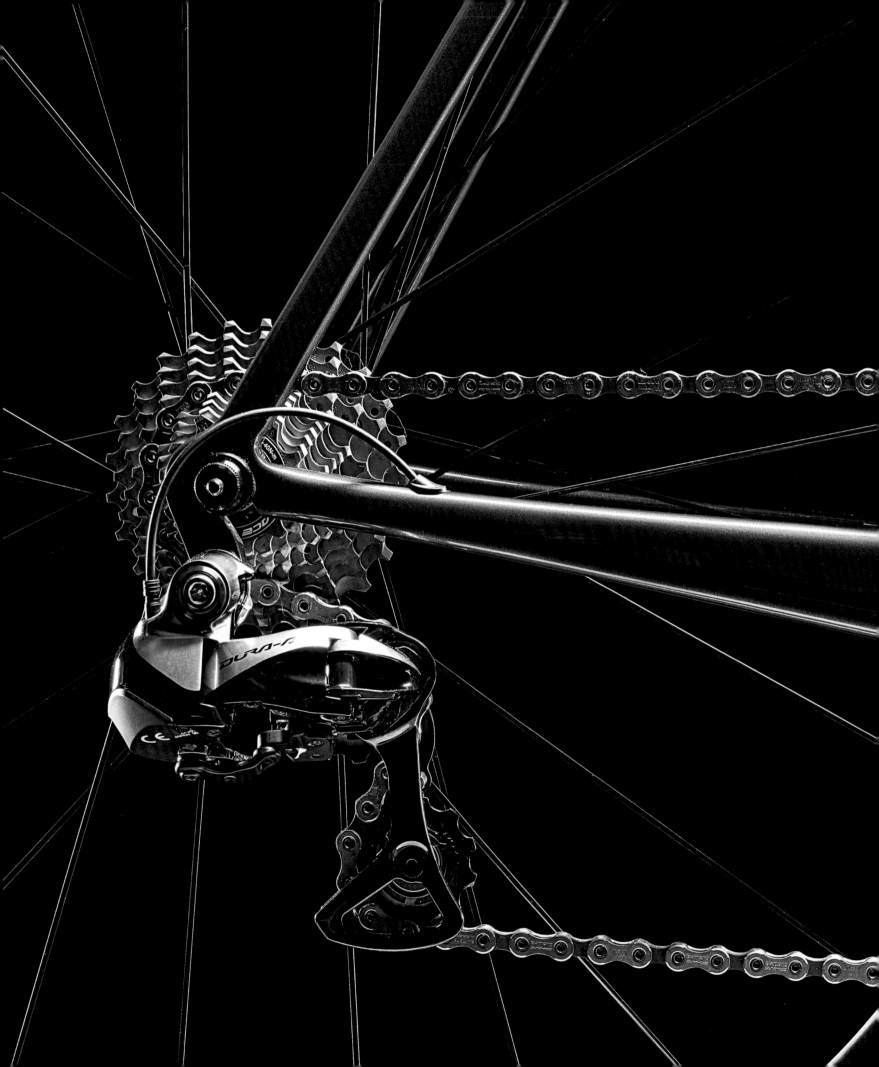

10-11 電子變速系統是單車傳動系統的最終進化。圖為Shimano公司的電子變速系統，裝設在單車大廠Vandeyk的Machine For Riding自行車上。

自行車的先驅

一趟精采的旅程

　　一切都要從西夫拉克伯爵（Mede de Sivrac）的Celerifere兩輪車說起。雖然用橫桿連結兩個輪子製成交通工具並不完全是他的發想，達文西（還會有誰）或許也有過類似的點子，可惜沒有正式紀錄，所以我們也只能認定西夫拉克伯爵是最早發明自行車的人。

　　Celerifere兩輪車出現在法國大革命期間的巴黎，由兩個以木板連接的馬車輪組成。有些人，包括西夫拉克伯爵在內，看出了這種人力交通工具的潛力：不僅省下跑步的力氣，也省下了購買與照顧馬匹的費用。從Celerifere兩輪車到「安全自行車」（safety bicycle）、軍用自行車，再到公路車，這段漫長的自行車發展歷程十分精采，可以看到人類如何發揮巧思，透過一項又一項的發明，使自行車逐步趨於完美，並適應各種不同的需求。

　　在本章我們會看到，繼構造簡單的Celerifere兩輪車之後，出現的是「德萊斯腳蹬車」（Draisine），但這款車仍無法有效率地把動力傳送到車輪；用今天的話來說，就是不符合人體工學。往後的章節，自行車在不斷的試誤過程中發展，首先是蘇格蘭人

柯派崔克·麥克米倫（Kirkpatrick MacMillan）發明了踏板，接著巴黎鐵匠米修（Michaux）父子把踏板直接裝在前輪上，進而促成了高輪腳踏車（high-wheeler）的誕生，這個車款大受歡迎，後來才被具有鏈條傳動系統與輪胎的「安全自行車」取代，逐漸接近當代自行車的樣貌。

　　回顧歷史，可以清楚看出各式各樣的需求如何影響自行車的發展，例如19世紀晚期女性穿著的長裙，不僅催生了淑女車，也造成三輪車的發明。三輪車比高輪車安全，曾經短暫風靡一時。史上第一輛現代自行車可說是約翰·史達雷（John Starley）的貢獻，但它的成功必須歸功於許多才華洋溢的人。早在20世紀以前，也就是史達雷的「安全自行車」問世十年後，市面上已經開始出現各種自行車，當時工業經濟也正開始大幅擴張。私人與軍用自行車的需求增加， Peugeot（寶獅）與Bianchi等大廠相繼擴建生產據點，後來才開始製造機車，然後是汽車。拿寶獅來說，如果沒有自行車，寶獅就不會是今天的寶獅；時至今日，寶獅仍持續生產自行車，頭管上依然嵌著早年的雄獅商標。另外公路車，以及在傳奇賽事中駕馭這些車款的英雄人物，當然也有不可忽視的貢獻。

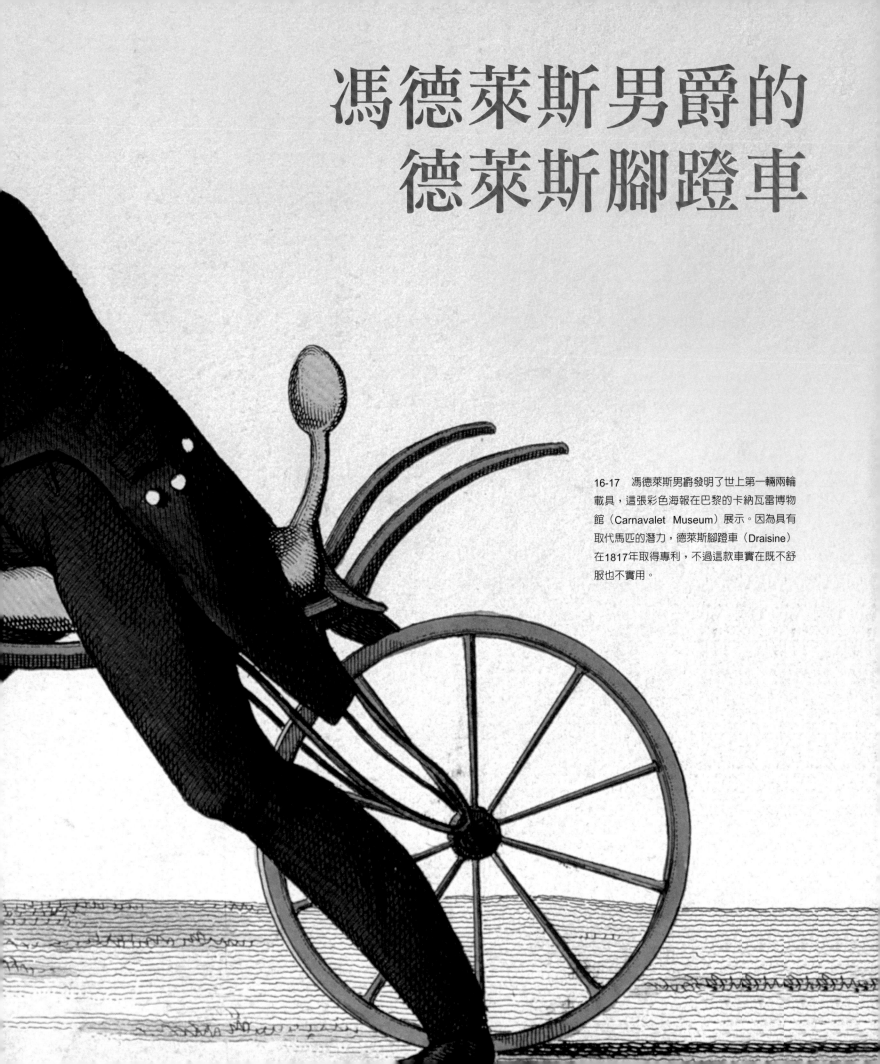

馮德萊斯男爵的德萊斯腳蹬車

16-17　馮德萊斯男爵發明了世上第一輛兩輪載具，這張彩色海報在巴黎的卡納瓦雷博物館（Carnavalet Museum）展示。因為具有取代馬匹的潛力，德萊斯腳蹬車（Draisine）在1817年取得專利，不過這款車實在既不舒服也不實用。

1790年，法國西夫拉克伯爵用木製輪軸連接兩個馬車輪，發明了一種奇特的交通工具，名為Celerifere兩輪車。騎士必須坐在車上，以腳蹬地前進，操作困難，且缺乏轉向系統，所以非常不實用。卡爾‧克里斯欽‧路德維希‧馮德萊斯（Karl Christian Ludwig von Drais）男爵打造出一輛近似Celerifere兩輪車的機械，在1817年取得專利，他加入了轉向系統與一些細部調整，提高了實用性。除了關鍵的轉向系統以外，馮德萊斯男爵也在車上裝設座墊與後煞車，並設計了重要的腹部支撐結構，讓騎士能更有效率地蹬地前進。這輛載具重量超過20公斤，在法國取名為Draisienne，英文名則是Draisine，也就是「德萊斯腳蹬車」。

德萊斯腳蹬車的發明是為了取代馬匹，省下養馬的成本，但這輛車的客群僅限於上流社會與貴族階級，因而從未如德萊斯公爵所期望的，成為大眾交通工具。在英格蘭，德萊斯腳蹬車被稱作「木馬」（hobby horse）或「震骨車」（boneshaker），名稱源自騎車時輪子的震動。騎這輛車時不僅有跌倒、撞上路人的危險，還會嚴重磨損鞋子，在當時顛簸的路面上蹬著地往前跑也很不舒服，這些缺點阻礙了德萊斯腳蹬車的成功。雖然後來經過結構及其他部件的改良，原料由木材改為金屬，座墊更加舒適，並且採用更實用的控制系統，德萊斯腳蹬車的最高時速依然無法突破10公里，部分原因還是要歸咎當時糟糕的路況。

18-19　這輛德萊斯腳蹬車大約可追溯到1820年左右。騎車時會感受到路上大大小的震動，所以座墊配備了彈簧，提升舒適度。另外值得注意的是，把手直接連接前輪，構成最原始的轉向系統。

TRICYCLE.

EARLY FORMS OF CYCLES.

PLATE 1.

1

2

Primitive Bicycles.

3. The "Dandy-Horse."

4. Gompertz's Velocipede.

5. The "_____lin_____ipede."

6. The "Bone-shaker."

19　這張圖呈現早期自行車的發展進程。首先是Celerifere兩輪車，馬頭造型強調「高級馱獸」的形象，也清楚顯示設計者意圖以更便宜和更易於保養的人力載具取代馬匹。

麥克米倫
踏板式自行車

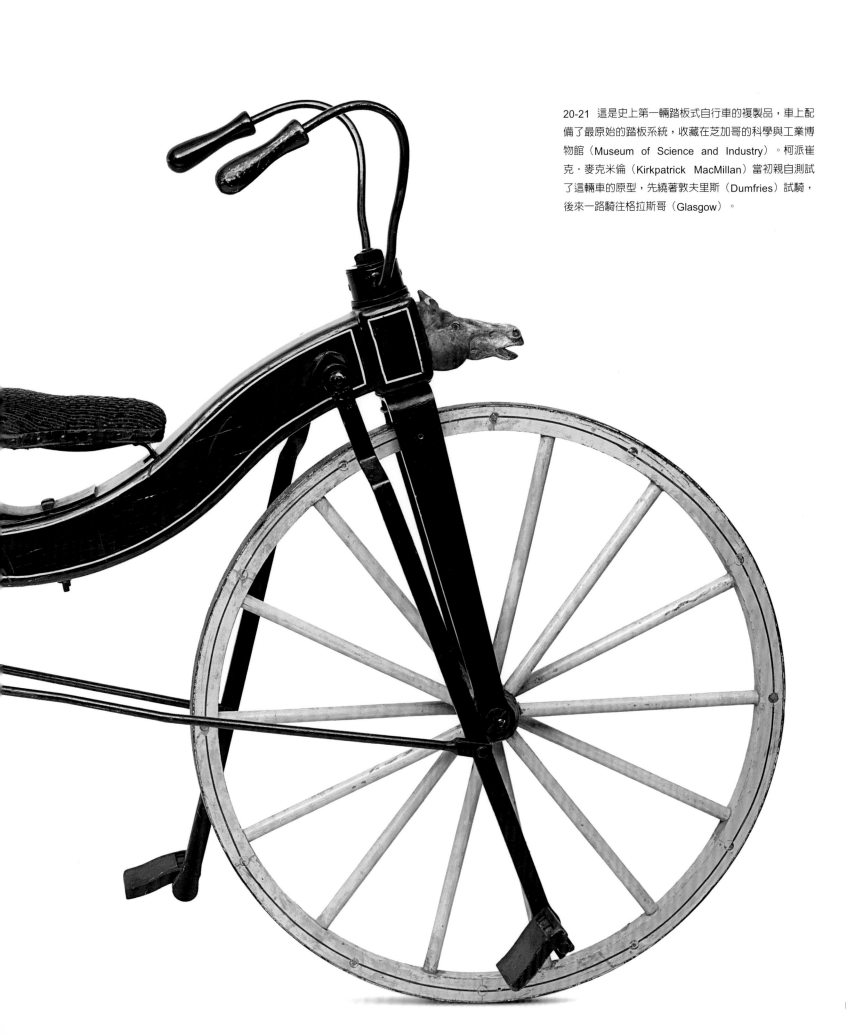

20-21 這是史上第一輛踏板式自行車的複製品,車上配備了最原始的踏板系統,收藏在芝加哥的科學與工業博物館(Museum of Science and Industry)。柯派崔克·麥克米倫(Kirkpatrick MacMillan)當初親自測試了這輛車的原型,先繞著敦夫里斯(Dumfries)試騎,後來一路騎往格拉斯哥(Glasgow)。

　　若不是蘇格蘭鐵匠麥克米倫發明了踏板，德萊斯腳蹬車恐怕無法演變成現代自行車。麥克米倫 1812 年在蘇格蘭敦夫里斯（Dumfries）附近出生，他看到馮德萊斯男爵設計的一臺兩輪載具後獲得靈感，廣泛試驗以機械系統取代用腳蹬地的前進方式，最後終於在1838年，發明了堪稱史上第一輛的踏板式自行車。這款自行車的後輪比前輪大，由前輪操控行進方向，前後輪都有鋼製輪圈與木製輪輻，傳動方式與1950和60年代蔚為風潮的兒童踏板車很像，是藉由連桿把兩支擺動式曲柄連到後輪，類似火車的傳動結構。這輛自行車很重，需要很大的力氣才騎得動，但麥克米倫只花了大約一個鐘頭，就從位在柯特希爾（Coathill）的家，騎了22.5公里到敦夫里斯，速度相當不錯。1842年，麥克米倫歷時兩天，騎了100公里到格拉斯哥，在途中撞到一位路人，對方受了點傷。據說法官看過麥克米倫表演八字型繞圈騎法，展示這輛車的操控性能之後，就自掏腰包替他付了五先令的罰款。麥克米倫從沒想過要申請發明專利或從中獲利。1846年，一個名叫蓋文·達賽爾（Gavin Dalzell）的人借用了麥克米倫的創意，使得接下來的半個多世紀，世人都誤以為達賽爾發明了踏板，也連帶視他為創造自行車雛型的人。

22 麥克米倫的自行車上裝有小小的馬頭，象徵這項新發明的主要功能。車架與車輪全都由木頭製成。

23 動力透過曲柄傳到後輪，運作原理類似火車。麥克米倫的自行車需要很大的力氣才騎得動，因此限制了發展的可能性。

19世紀中葉，皮耶‧米修（Pierre Michaux）在巴黎經營一間打鐵鋪，專門修理德萊斯腳蹬車。上門修車的顧客常常抱怨，騎車時必須用腳蹬地才能前進，下坡時則要把雙腳抬起來，很不舒服。米修的兒子厄內斯特（Ernest Michaux）於是想到一個點子，把踏板直接與前輪連接。1861年，第一輛採用這套系統的改良版德萊斯腳蹬車問世，米修家的打鐵鋪也因而轉型，從修理改為生產，並逐步加大前輪尺寸，改用鑄鐵車架，加上了座墊和煞車。拿破崙三世的兒子也是米修家的顧客，還是第一批測試煞車系統的人。這款踏板車名為「米修腳踏車」（Michaudine）。1861年製造出兩輛之後，隔年產量就暴增為142輛，大受市場歡迎，光是1865年就賣出400多輛，隨後改為工業生產，在1867到1870年間每天出廠200輛腳踏車，員工超過300人。

但是米修家族的榮景也栽在自己的創業精神手裡。簡言之，米修家族和奧利弗耶（Olivier）兄弟合開了巴黎腳踏車公司（Compagnie Parisienne des Vélocipèdes），他們的發明不幸被奧利弗耶兄弟奪走，父子倆丟了公司，最後宣告破產。笨重的米修腳踏車在各方面漸漸比不上其他輕巧的車款，這些新型腳踏車的前輪較大，踩一次踏板能移動較長的距離。當時詹姆斯‧史達雷正在開發高輪腳踏車，雖然他和約西亞‧透納（Josiah Turner）針對英格蘭製的米修腳踏車做了許多改良，但這個車款仍迅速沒落。

24-25　米修腳踏車（Michaudine）日產200輛，影響力甚至跨越英吉利海峽擴展到英國。圖為1870年的車型，由於騎乘時可以感受到每個細微的震動，英國人稱之為「震骨車」（boneshaker）。

米修腳踏車：
米修家族的改良版
踏板車，1861

26-27 不論是車架的打造，還是前輪上方延伸出的裝飾，都顯示出米修父子出身鐵匠的手藝。從這張木製車輪的特寫，可以想像米修腳踏車騎起來多麼不舒服。

早期淑女車

28　女士很快也開始使用這些新奇的兩輪機器。左圖是女演員瑪莉‧艾尼斯汀‧布蘭奇‧東緹妮（Marie Ernestine Blanche d'Antigny，大家都稱她布蘭奇‧妲緹妮），旁邊是她的改良版米修腳踏車。

29　受麥克米倫踏板車啓發，這輛淑女車1847年在巴黎製造。圖中可以看到車架設計得非常低，因為當時女士的服裝會妨礙騎車，車架低比較容易踩踏板。

自行車從一開始就注定成為男女都愛用的大眾化交通工具。其實早在1900年代以前，業界就已經開始顧及女性客群的需要。1900年代自行車真正普及後，沒有上管的車架成了明確的市場需求。雖然乍聽之下有些奇怪，不過第一輛女用踏板車的問世，最早可回溯到麥克米倫發明原始踏板的時期，從許多交通工具博物館內展示的照片就看得出來。舉例來說，最早的淑女車之一出現在1847年，雖然背景是在巴黎，但明顯受到麥克米倫踏板車的影響；他設計的車款也是其他蘇格蘭發明家的靈感來源。下圖可以看到車架設計得盡量低，僅略高於踏板。當時女士必須穿長裙，因此這樣的設計即使穿著長裙也能輕鬆騎乘。

麥克米倫是踏板式自行車的先驅，不過在照片中的淑女車型誕生之前，就已經有人採用他的設計了。1845年，達賽爾在麥可米倫的故鄉蘇格蘭，將踏板式自行車發揚光大，因此長久以來，達賽爾都被視為現代自行車的發明者。不過，達賽爾似乎只是借用了麥克米倫的構想，做為他自用的交通工具；他的工作是布料買賣。儘管達賽爾設計的一個車型目前展示在格拉斯哥交通博物館，不過沒有證據顯示他曾宣稱自己發明了踏板式自行車。

達賽爾的車型算是第一輛實質意義上的現代自行車，美中不足的是，踏板藉由連桿連到後輪的設計不太實用。米修腳踏車和輕巧的高輪踏板車流行過一陣子，一直到鏈條驅動系統問世，現代自行車無懈可擊的設計才宣告完成。

吉梅鏈條傳動
自行車（1868）和勞森
Bicyclette（1879）

1869年11月初，巴黎舉行第一場踏板車的大型展覽，適逢米修腳踏車的全盛時期，吸引了社會大眾和業界人士的注意。一個全新的重要裝置也在展覽上首次亮相：踏板與輪子之間的傳動系統。雖然當時的巴黎幾乎沒有人注意到這個新裝置，它卻是現代自行車發展史上的分水嶺。

引進傳動系統的是安德烈・吉梅（André Guilmet）；吉梅是鐘表師傅，自然非常了解鏈條傳動機制，因此他會發展出自行車傳動系統或許並非偶然。吉梅首先以「沃康松式鏈條」（Vaucanson chain）進行實驗，與達文西的設計頗有異曲同工之妙。吉梅藉由車架工匠尤金・梅爾（Eugene Meyer）製造的一輛自行車，在展覽上展示了一款環鏈，把29齒的前齒盤連接到20齒的後飛輪。隔年吉梅不幸戰死，無緣享受這個發明可能帶來的商機。

除了吉梅以外，也有其他製造商利用同樣的系統，發展出鏈條傳動踏板車，其中最重要的原型車出自英國人哈利・勞森（Harry Lawson）之手，並在1879年取得專利，名為Bicyclette。這款車的前輪比後輪大很多，但不同於早期踏板車，不會把騎士整個人架得高高的，騎士的雙腳隨時都能踩到地面；正因為如此，勞森的這項發明也被稱為史上第一輛「安全自行車」。Bicyclette在高輪車風潮鼎盛之時上市，但表現不太理想，可能是因為比起當時流行的大小輪車（penny-farthing），Bicyclette過於笨重、昂貴又複雜。儘管如此，科技發展的種子已經播下；至此，自行車的外觀開始趨近現代造型，不再那麼誇張了。

30-31　圖為1869年的自行車，無疑是世界上最早出現的鏈條傳動車款之一。鐘表師安德烈・吉梅（André Guilmet）率先想到引進鏈條傳動系統，與製造商尤金・梅爾（Eugene Meyer）聯手，成功打造出這款車，但數個月後，吉梅就戰死沙場。

FIRST CHAIN-DRIVEN SAFETY BICYCLE
MADE BY H. LAWSC

31上　圖為史上第一輛鏈條傳動自行車，由位於英國布來頓（Brighton）的
製造商哈利‧勞森（Harry Lawson）打造。出於安全考量，輪子的直徑只
有23吋，因此別名「索塞克斯侏儒」（Sussex Dwarf）。

史達雷的
艾麗兒車，
1870

32　圖中的男女分別騎著詹姆斯·史達雷（James Starley）製造的自行車，照片攝於1874年，可以看到這款車的前輪非常高，女士的乘坐姿勢也很特別。史達雷還取得了交叉輻條車輪的專利。

33　艾麗兒車最早於1870年問世，由史達雷與威廉·希爾曼（William Hillman）在英國考文垂（Coventry）設計製造。圖中可以看到，前輪的輻條直徑約59吋，踩一次踏板可以移動很遠的距離。

　　如同前面提到的，米修腳踏車等早期踏板車速度太慢，對交通效率的提升不大。為了讓車速突破每小時10到12公里，製造商紛紛把前輪愈做愈大，盡量延長每踩一次踏板可以行進的距離，後輪則愈做愈小；這段時期自行車發展快速，卻有些混亂。關鍵轉捩點是英國發明家詹姆斯·史達雷設計的車款。

　　史達雷才華洋溢，做過園丁、鐘表修理師，之後在考文垂（Coventry）擔任縫紉機工廠經理。後來工廠逐漸轉型，改為生產自行車，公司也在1861年開始進口米修腳踏車；史達雷一邊改良米修腳踏車，一邊也開始考慮打造自己的自行車。以一款名為Coventry的自行車初試身手後，史達雷1870年與威廉·希爾曼（William Hillman）合作推出了艾麗兒車（Ariel）。這款車的前輪直徑約59吋，後輪盡可能縮減到最

小，僅用於穩定車身。除了結構與配重以外，艾麗兒車最重要的創新在於輻條可以調整張力，非常接近現代車輪。相較於以往的大型木製輻條，可謂一大革新。

　　史達雷也透過交叉輻條，提升車輪耐用性、抗震效果與騎乘舒適度，並在1874年取得技術專利。管狀的空心車架減低了整體重量；舒適的座墊幾乎就位在踏板正上方，這樣的姿勢更易於騎乘。1872年，史達雷與希爾曼一天之內騎了150公里，從考文垂一路騎到倫敦，展示了艾麗兒車的龐大潛力。這一系列的踏板車又稱大小輪車，在接下來的20年間持續演進。但大小輪車的主要問題是騎乘位置過高，容易失去平衡，直到1885年Rover「安全自行車」推出後，問題才得以解決。Rover安全自行車的設計者其實就是史達雷的外甥約翰·肯普·史達雷（John Kemp Starley）。

蓬蓬 Grand Bi 自行車，1882

寶獅的歷史源遠流長，可追溯到19世紀初的兄弟檔：尚皮耶（Jean-Pierre）與尚弗雷德里克（Jean-Frédéric）。兩人成立了這間法國公司，製造各種工具，以及雨傘等商品的金屬零件。寶獅在1840年推出第一款咖啡研磨機，時至今日，它的鹽與胡椒研磨器還是很有名。

到了19世紀末，寶獅已經頗有聲望，1882年也順勢開了一間工廠，聘雇300名員工，大量生產自家品牌的踏板車，希望複製英國艾麗兒車的成功模式。當時的艾麗兒車已經極為先進，還有重量僅略超過10公斤的公路車款。寶獅的踏板車名為Grand Bi，現在還可以在許多雙輪車歷史博物館與主題展覽中欣賞到，可見當年受歡迎的程度。和艾麗兒車一樣，Grand Bi前輪大，後輪很小，騎士的座位很高，踏板直接連接車輪，整體設計簡單，以減輕車重。Grand Bi在寶獅的發展史上扮演關鍵角色，這款車的成功讓寶獅得以繼續設計、生產三輪車與鏈條傳動自行車。位於曼德赫（Mandeure）的工廠在1886年開張，離貝爾弗赫（Belfort）不遠，現在依然為寶獅所有。1889年，公司在巴黎世界博覽會展示新的自行車款，並在巴黎市區成立銷售據點。到了20世紀初，寶獅的自行車型錄已經超過30頁，一年約生產1萬輛。

寶獅的這趟旅程以Grand Bi為起點，獲得了異常豐碩的成果，使公司徹底轉型，並於後來開始製造汽機車。

34-35 高大的前輪是Grand Bi自行車的一大特色。Grand Bi的成功帶動寶獅成長，這家法國公司利用銷售所得投資工廠，生產鏈條傳動自行車與三輪車。

35 圖中明顯可以看出Grand Bi與騎士的大小比例。1880與1890年間，自行車製造技術達到了相當高的水準，車身也變得輕盈，尤其是競速用車。

史達雷的
Rover安全自行車，
1885

36-37　詹姆斯・史達雷的外甥約翰・肯普・史達雷設計了Rover自行車，被認為是史上第一輛現代自行車。前後輪大小相同，騎士隨時都可以把腳踩到地上，因此獲得「安全自行車」的稱號。

約翰‧肯普‧史達雷是艾麗兒車發明者詹姆斯‧史達雷的外甥，許多人視約翰為現代自行車之父。兩輪載具往更貼近現代造型的方向發展，無疑是約翰的功勞。跟叔叔一起製造了幾年的踏板車之後，約翰1877年開始跟威廉‧蘇頓（William Sutton）一起經營事業，目標是設計出比高輪車更安全、穩定的車款。他們的第一輛自行車名為Rover安全自行車，雖然前輪還是比後輪大，但加上了間接轉向系統，並以鏈條傳動，最重要的是騎士停車時，雙腳可以立刻踩到地面。

由於原型車尚有許多改進空間，約翰和蘇頓在1885年推出新版Rover，新款車前後輪幾乎大小相同，配備直接轉向系統，在當年的史坦利自行車大展（Stanley Cycle Show）上推出後，就因為前所未見的穩定性與操控性能大獲成功。在座墊位置方面，約翰也下了不少功夫，讓整體設計更加平衡，控制起來更容易，踏板也更好踩。

雖然Rover仍使用實心輪胎，平均速度還是讓當時的踏板車望塵莫及；1887年使用登祿普公司（Dunlop）的充氣輪胎後，前景更加看好。Rover的許多機械特點在現代自行車上都看得到，因此約翰與蘇頓的成功也在意料之中。兩人事業蒸蒸日上，終於在1890年成立了「Rover自行車公司」，不過這只是公司漫長發展之路的開端。19世紀末，約翰發明了第一輛英國電動汽車，但不幸的是，他在有生之年看不到自己的努力成果；Rover自行車公司在跨足機車和之後的汽車生產之前，約翰就突然過世，無緣目睹一手創建的品牌躋身英國最偉大的工業集團之列。

Humber Cripper三輪車

在安全自行車出現以前，三輪車一度很受歡迎，因為明顯比高輪自行車安全。1885年推出的Humber Cripper可說是新一代三輪車的鼻祖。

三輪車歷史悠久，最早可追溯到1680年左右，當時德國人史蒂芬‧法拉法勒（Stephan Farffler）發明了三輪載具，讓自己可以自由行動，當時他已經癱瘓。法拉法勒是技巧純熟的鐘表師傅，他設計了一種手搖曲柄，連接前輪和踏板。不過直到一個多世紀之後，法國人布朗夏爾（Blanchard）和馬奎爾（Maguier）才發明了史上第一輛真正的三輪車。

1818年，英國人丹尼斯‧強生（Denis Johnson）設計了一款能讓當時穿著長裙的女性騎乘的有輪交通工具，並在英格蘭拿到了三輪車專利。與踏板車一樣，三輪車在英國的普及也要歸功於詹姆斯‧史達雷，他在1876年推出了一種造型奇特的交通工具，右側裝有兩個控制方向的小輪子，左側則裝上一個較大的輪子，車子取名為考文垂槓桿三輪車（Coventry Lever Tricycle）。這輛車帶起了製造三輪車的風潮，1885年光是英國境內就有20家左右的三輪車製造商，車款超過120種。三輪車的成功，是來自優於高輪車的穩定性。

Humber Cripper三輪車由於設計簡潔、輕巧，可說是新世代三輪車的鼻祖，歷史同樣也能上溯到1885年，先後在英法兩地大受歡迎。這輛車得名於車手羅伯特‧克里伯（Robert Cripp）；他在比賽中駕駛Humber Cripper，打響了這輛車的名號。車身配備兩個以鏈條傳動的40吋後輪，以及一個24吋前輪，前輪上配備類似自行車的轉向系統。前輪也可以換成更小的輪子，最小直徑可到18吋，但後輪輪距與前後輪距依然維持32吋。Humber Cripper競速用車款重約18公斤，日常用車款則是34公斤。

三輪車的全盛時期非常短，熱度在19世紀結束之前就退燒了；安全自行車和內胎的問世讓自行車更穩定、安全，三輪車失去了這兩項優勢，只能黯然退場。

39　從正面可以看到Humber Cripper的40吋大後輪與18吋或24吋前輪。車手羅伯特‧克里伯（Robert Cripp）在比賽中駕駛這輛車，成績斐然，車子因此以他為名。

La Gazzetta dello Sport
SUPPLEMENTO BIMENSILE ILLUSTRATO

Anno V — N. 13   Milano, 15 Luglio 1899   Centesimi DIECI

GIAN FERNANDO TOMASELLI

托馬塞利的
Bianchi自行車，1899

Bianchi在自行車史上擁有崇高的地位，早在1885年，創辦人艾杜阿多・比安奇（Edoardo Bianchi）就已經開始製造與販售自行車了。他成為義大利王室的官方供應商之後，訂單開始大量湧入，比安奇不得不另外蓋一座新工廠應付需求。他的事業如日中天，甚至有能力籌組車隊，參加公路和場地自行車賽。為此他聘請了吉昂・費迪南多・托馬塞利（Gian Fernando Tomaselli）作為旗下的明星車手，這位車手後來以「喬凡尼」（Giovanni）之名名留青史。托馬塞利來自布雷夏（Brescia），本來是一位年輕的自行車工匠，喜歡在Bianchi米蘭新工廠附近的自由車場上競速。1899年6月25日，年僅22歲的托馬塞利穿著Bianchi公司代表色的車衣，參加巴黎自行車錦標賽（Grand Prix de Paris，類似自由車場地專家的世界錦標賽）並稱霸全場，為自己與Bianchi自行車在國際上打響了名號。他騎的車款專為場地自由車打造，把手是當時流行的款式，配備大型前齒盤與Brooks座墊。雖然沒有煞車，重量卻超過10公斤。這場關鍵的勝利讓Bianchi自行車首度登上國際舞台，賽後托馬塞利對他的車讚不絕口，在當時的報紙上刊出感謝信，向Bianchi的老闆致謝。此舉使得公司在歐陸的知名度與銷售量一飛衝天，比安奇與托馬塞利兩人的友誼也因此更加深厚。

托馬塞利後來成為Bianchi自行車隊的教練，直到1930年代才交棒給別人；與此同時，他也首度以賽車手之姿，駕駛Bianchi最早推出的幾款汽車。

「傑哈爾上尉」摺疊式自行車，

1895

　　早在1886年，法國軍隊在喬治‧布朗傑（Georges Boulanger）將軍的命令之下，配發了踏板車。當年有八輛踏板車用於重大軍事行動，上級軍令不必透過馬匹就能快速傳達到各個分隊。那次試驗成功之後，軍中開始廣泛使用自行車，並在1895年依法列入軍隊的正式裝備。由於遇到無法騎車的地形時，士兵必須搬運這些自行車，亨利‧傑哈爾（Henri Gérard）上尉因而設計出史上最早的摺疊車之一，高明地解決了這個問題。1887年，美國人艾米特‧拉塔（Emmit Latta）率先申請了摺疊車的專利；1894年底，傑哈爾上尉與格勒諾勃（Grenoble）地區的工匠查爾斯‧莫瑞（Charles Morel）合作，打造出首輛原型車款，並在法國申請專利。1895年初，兩人更新了專利申請文件，加入了可調式車架零件。這款車名為「摺疊式傑哈爾」（pliable Gérard）或「傑哈爾上尉」（Capitaine Gérard），4月開始生產，一推出就大受歡迎。為了應付大量訂單，生產速度必須隨之增加，當年10月也在巴黎開了門市，對一般大眾銷售這款車。利潤分配的爭議導致傑哈爾與莫瑞的合作破裂，他們的專利也在1899年被轉賣給由寶獅、米其林（Michelin）和軍方組成的聯盟，並繼續生產。「傑哈爾上尉」是十分經典的軍用自行車，在歷史照片上看到的往往是它摺疊起來的樣子，由士兵扛在肩上。「傑哈爾上尉」的一大特點在於後輪處的圓弧車架造型，設計目的是縮減摺疊後的總體積。

42-43　7月14日國慶日，法國士兵與摺疊車一同接受檢閱，拍攝年代可能是1910年。圖中也可以看到隨車工具包，有助於提升機動性。

43　圖為1895年的「傑哈爾上尉」摺疊式自行車，是當時法國陸軍配備的車款。軍方是研發摺疊車的先驅，這款車一推出就大受歡迎，生產速度也必須提高。

寶獅自行車，1895、1896和1902

寶獅原是家用器具與金屬零件製造商，創辦人是一對兄弟，他們的兒子（其中之一是阿爾芒‧寶獅，Armand Peugeot）1878年將公司徹底轉型，重新推出寶獅這個品牌。阿爾芒決定開始製造踏板車與三輪車，之後也推出了前後輪大小相同的鏈條傳動自行車，也就是在英國問世的安全自行車。投入大量資金後，寶獅1886年在法國瓦倫提涅（Valentigney）開設了一間工廠。公司的自行車銷售量十分驚人，在1889年巴黎世界博覽會上亮相之後得益甚多。1890年最頂級的寶獅自行車款名為「獅子」（Lion），豎管上繪有獅子圖案，從此形成了一項傳統，由寶獅汽車延續下來，至今這家公司仍以獅子商標深植人心。1892年，位在法國曼德赫－博略（Mandeure-Beaulieu）的工廠出產了7000輛自行車，1896年產量增加到9500輛，到了1900年，員工人數增到650人，產量衝高到2萬輛之多。

寶獅的自行車類型很廣，包括雙人協力車和兒童車。

旗下車款在比賽中屢屢奪冠，知名度不斷攀升，是寶獅一段精采萬分的時期。早在1892年，巴黎－南特大賽（Paris-Nantes）前五名選手騎的都是寶獅自行車。1895年到1897年，來自不列塔尼的車手盧多維奇‧摩罕（Ludovic Morin）騎著寶獅的場地車，連續三年稱霸巴黎自行車錦標賽；這是著名的單人自由車世界錦標賽，每年在文森斯（Vincennes）的自由車場舉行。寶獅1898年款的公路車造型簡單優雅，表面處理品質精良，至今依然為人稱道；所用的湯匙狀煞車是減速裝置的最早雛形，特別適合下坡減速使用。

從1902年的產品型錄就可以知道，當年的寶獅已經是國際大廠了，除了旗下自行車款式多樣之外，也因為它推出了首輛「機動自行車」（motobicyclette，基本上就是輕型機踏車，moped），以及三輪和四輪機車。從這幾款車開始，寶獅踏出了日後成為機車大廠，以及世界規模數一數二的汽車製造商的第一步。

44　寶獅公司早年名為Peugeot Frères，圖為1902年的產品型錄，可以看到當時的售價。型錄右下圖的車款是史上最早的輕型機踏車之一，推出這輛車之後，寶獅也打開了生產機車與汽車的大門。

45　1895年和1896年，盧多維奇‧摩罕在巴黎自行車錦標賽封王，圖為慶祝他奪冠的海報。摩罕出色的表現也進一步讓寶獅享譽國內外。

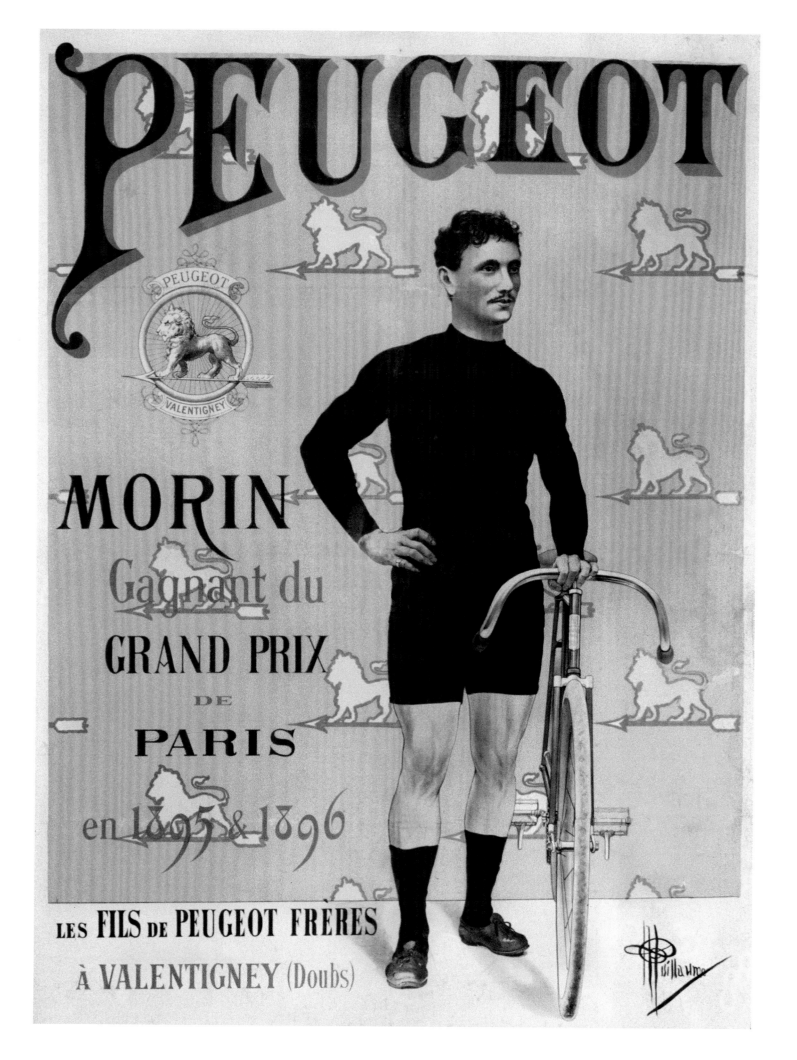

Steyr公司的Waffenrad自行車

不只法國軍隊利用自行車加快部隊移動速度；早在1896年，奧地利的Steyr公司（與所在城市「斯太爾」同名）就把「Waffenrad」登記為產品名稱，意思是「有輪子的武器」，旗下的數款軍用自行車都以此為名。Steyr創立於1821年，專門生產軍需品，但才成立不久，歐洲就進入了一段很長的和平時期，公司只好另尋出路，把軍火工廠改為其他用途。

Steyr高層見識到自行車在英格蘭的成功，而且如果路程較長，這種新型交通工具可以比馬還要快，因此決定生產自行車。由於來不及發展自己的車款，Steyr就從1894年開始，製造由Swift公司授權的自行車。Swift位在英國考文垂，是史達雷和透納的公司，在早期踏板車剛出現的時候就成立了。Waffenrad自行車隔年問世，並在1896年8月註冊產品名稱。同一時間，Steyr也把公司名稱改成了ÖWG（Österreichische Waffenfabriks-Gesellschaft）。Waffenrad自行車從一開始就銷售不俗，公司因而有資金投入研發與廣告。循「傑哈爾上尉」自行車在法國大量普及的模式，這個系列的Steyr Waffenrad摺疊車也供應奧地利陸軍使用，在歷史上占有一席之地。Waffenrad為了應付各種艱險的地形，同樣使用實心輪胎。Steyr公司也生產郵務用自行車，因此Waffenrad在純軍事領域之外的人氣也愈來愈旺。1924年，公司名稱又改回了Steyr-AG，此時旗下的奧地利工廠總共已生產了約35萬輛自行車。

儘管Steyr之後歷經了許多變動，包含Steyr-Daimler-Puch公司在1934年成立，以及自行車製造部門移到格拉茲城（Graz）等，但Waffenrad的歷史並未畫下句點——格拉茲的新工廠持續生產以Waffenrad為名的自行車，直到1997年為止。

46-47　從這張攝於1900年的照片可以看到，Waffenrad軍用自行車功能多元，用途很廣。圖中的德國軍醫把兩輛自行車連接在一起，當成臨時擔架使用。

47　Steyr Waffenrad是供應奧地利陸軍的摺疊自行車，許多地方模仿「傑哈德上尉」自行車，銷售十分成功。Waffenrad配備實心輪胎，奧地利郵局也使用過這款車。

BSA公司的
消防自行車，1905

　　自行車可不只是一種跑得比人快、花費比養馬低的交通工具而已。自行車普及之後，很快就為軍隊和警方所用，此外不可忽視的，還有加入特殊功能的急難救助專用車。在19世紀末到20世紀初這一小段時間，自行車曾經被用作傳統消防車的輔助工具，特別是在英國、法國和澳洲。

　　消防自行車並未留下太多紀錄，比較著名的一輛由伯明罕輕型武器公司（Birmingham Small Arms，簡稱BSA）生產。B-SA是一家英國公司，雖然旗下的機車比較出名，但其實是以

自行車起家。BSA的消防自行車當初很可能是限量委託生產，車架造型經過明顯改造，方便收納水管，救火時可把水管取出連接到消防泵。後輪裝設雙柱停車架，方便消防隊出勤時支撐車身。車上配備彈簧座墊，車頭還裝有警笛，宣告消防隊員即將抵達。BSA還在把手上設計了一柄手斧，後車架上可能可以放一頂消防頭盔。BSA對自行車的早期發展貢獻良多，進行了許多先進的實驗與研發工作，在20世紀早期轉型為國際知名的機車工廠。

48　20世紀初，消防隊常常需要出任務。這張優異的照片攝於1904年，畫面裡可以看到一輛消防車停在倫敦白修士區（Whitefriars）消防局前。車輪上纏著鍊子，確保即使遇上泥地也可以暢行無阻。

49　除了機動車輛之外，英國消防隊也會使用更靈活敏捷的自行車。圖為1905年的BSA消防自行車，車上備有一條水管，可連接到消防泵。消防人員忙著滅火時，後輪的停車架可用於支撐車身。

小布列塔尼的
寶獅自行車，1908

50　這張幽默的海報繪於1907年，呂西安‧小布列塔尼（Lucien Petit-Breton）拿著他在那一年內創下的冠軍紀錄，向另一個法國偉人
拿破崙炫耀。小布列塔尼戰果豐碩，讓當時的Peugeot Frères公司歡欣鼓舞。

51　小布列塔尼1907年稱霸的所有比賽中，最負盛名的就是環法賽。圖為小布列塔尼剛完成環法14個賽段的其中一段；這場比賽總賽
程為4488公里，幾乎超出人類極限。

泥濘的路面、沉重的車身、超長的賽程……參加20世紀早期的自由車賽是不折不扣的冒險，不但危險，而且比賽一大清早就開始，往往日落後才結束。呂西安·喬治·馬贊（Lucien Georges Mazan）是叱咤當年的英雄車手之一，大家可能比較熟悉他的另一個名字：呂西安·小布列塔尼（Lucien Petit-Breton）。他用家鄉的地名取了這個化名，向父親隱藏自己職業自由車手的身分。

1906年、1907年和1908年，小布列塔尼分別稱霸了巴黎巡迴賽（Paris-Tours）、米蘭－聖雷莫大賽（Milan-San Remo）和巴黎－布魯塞爾大賽（Paris-Brussels），但真正讓他名留青史的是1907年和1908年的環法賽（Tour de France）。小布列塔尼代表寶獅1901年籌組的車隊出賽，由公司提供比賽用車。這輛車採用那個時代典型的車身設計，配備顯眼的下垂式把手，把手上的撥桿可以啟動後輪

配備的原始湯匙型煞車。車架與前叉都是鋼製，從把手、踏板到花鼓，所有零件都直接由寶獅打造。當時還沒有發明變速器，所以這輛車的標準配備是52齒的前齒盤與18齒的後齒輪，但據傳在1907年的米蘭－聖雷莫大賽中，小布列塔尼使用的是較輕巧的44齒前齒盤。車輪也是鋼製，車上附有不可或缺的充氣筒，因為比賽中常常會刺破輪胎。車身偏重，約12.5公斤，但當時的自行車都是如此。

1907年與1908年兩場環法賽的賽道完全相同，全程4488公里，共14個賽段；最短的賽段有269公里，從貝雲（Bayonne）到波爾多（Bordeaux），最長的賽段則是從佩斯特（Brest）到康城（Caen），有415公里！因此，選手必須耗費非比尋常的力氣，才能騎完全程。小布列塔尼贏得1908年大賽時，平均時速達到28.47公里，十分驚人。

52　八字鬍是小布列塔尼的招牌特徵，有時還會往上翹。在令人難忘的1907年，這位法國英雄車手騎著12.5公斤重的自行車，贏得了首屆米蘭－聖雷莫大賽冠軍。

53　這張照片令人印象深刻，小布列塔尼正在挑戰1907年的環法賽，賽道塵土飛揚，路況普遍不佳。雖然每個賽段的路程都長得離譜，選手的平均速度仍十分驚人。

Bianchi公司的 Bersaglieri自行車

在法國，寶獅是首屈一指的自行車廠牌；而在義大利，則是由總部位在米蘭的Bianchi稱霸。Bianchi在1912年競標成功，開始為義大利軍方供應摺疊自行車，這款車類似寶獅19世紀末推出的「傑哈德上尉」，附有背帶，方便士兵把車掛在肩上。23.6吋車輪小巧玲瓏，把車子的機動性提升到最大，並使用實心輪胎以防刺穿。這款軍用自行車的塗裝為橄欖褐色，同樣配備槍架，車重至少16公斤；以有時候需要把車背在身上來說，算是相當重。

1920年代，Bianchi與軍隊簽下新的合約，連輕步兵也開始配備自行車，其中一款軍官專用自行車把槍架改為刀架，

位置與上管平行，另一款比較普及的則供士兵使用。軍官專用車配備普通輪胎；而部隊用車則配實心輪胎，除此之外還有很多方面都類似十年前的款式，例如用來運載士兵披風的後輪擋泥板，上面還有一個銘牌，標示品牌與車款。車架與前叉有彈簧，配備Bianchi擁有專利的初階避震系統，煞車則使用桿式煞車，以避免勾壞載送的物品。把手上可以掛油燈或電石燈，宵禁時還能用隨附的深色蓋子遮住光線。

54、55上　圖為兩位步槍兵展示Bianchi摺疊車正反兩面的全套裝備。這款摺疊車共有兩個型號，分別供軍官及士兵使用，但其實兩者的重量都是16公斤左右。

55下　這是Bianchi在1915年推出的軍用自行車，從原始設計圖上可以看到車子的尺寸。小型車輪方便士兵攜帶，實心輪胎則能避免車輪遭到外力刺穿。

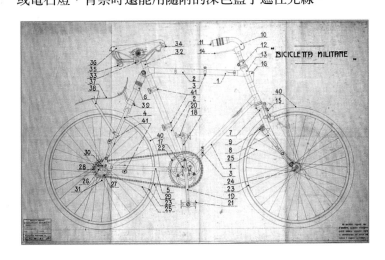

1920到1930年代，阿爾弗雷多·賓達（Alfredo Binda）橫掃世界自由車壇。他的勝績驚人，曾五度贏得環義賽冠軍；能再創下這個紀錄的，日後也只有法福斯托·寇比（Fausto Coppi）和艾迪·莫克斯（Eddy Merckx）。另外，賓達還三度拿下世界自由車公路錦標賽冠軍，兩度在米蘭－聖雷莫大賽與環皮埃蒙特賽（Giro del Piemonte）中封王，四度稱霸環倫巴底賽（Giro di Lombardia）。由於其他車手幾乎無法望其項背，1930年環義賽（Giro d'Italia）的主辦單位還把2萬2500里拉的獎金事先送給賓達，想說服他退出比賽，好讓比賽更有看頭。

賓達出生在義大利瓦雷塞（Varese）的奇提利歐（Cittiglio），他常用家鄉話說：騎自行車就只需要「兩條腿」。但事實上，賓達訓練時卻是一絲不苟，非常注重車子的機械細節，從他的Legnano自行車就可見一斑。1932年，賓達騎著Legnano公司出品的自行車，在羅馬贏得生平第三座世界自由車公路錦標賽冠軍。這輛車目前保存在奇提利歐的賓達博物館，就在備受車手喜愛的庫非紐內（Cu-

vignone）坡段底部。車上有許多傑出的設計，例如座桿上鑽了一個孔，連接到鏈條正上方的噴油嘴，方便車手在當時塵土飛揚的路況下，持續為鏈條上油。車身塗裝是Legnano公司經典的橄欖綠；1924年簽下賓達後，Legnano開始嶄露頭角，這個顏色也成為公司的代表色。變速裝置是當年流行的Vittoria系統，配備緊鍊器與三個後齒輪，可以利用撥桿手動換擋。

1927年世界自由車公路錦標賽在傳奇的紐柏林（Nürburgring）賽道舉行，賓達也選用了類似的Legnano車款參賽，顏色相同，配備Torpedo後輪花鼓，所以能向後踩踏板煞車，但沒有Vittoria變速系統。

賓達1935年底從自由車場上退休，二戰後擔任義大利國家隊的教練，最大成就包括促成吉諾·巴塔利（Gino Bartali）與寇比之間的合作；這兩位冠軍車手之後也都在賓達的領導之下，分別稱霸了不同年度的環法賽。

賓達的Legnano
自行車，1932

56　阿爾弗雷多‧賓達頭髮齊整，肩上背了一條車胎，造型和當時多數車手一樣。圖為賓達騎著Legnano自行車的英姿。從這張1932年的照片可以看到，當時自行車上常常裝設擋泥板，訓練的時候尤其如此。

56-57　Legnano公司在1927年推出的自行車以「蜥蜴綠」的外漆為主要特色，賓達騎著這輛車參加當年在紐柏林舉行的世界自由車公路錦標賽，順利拔得頭籌。後輪採用倒煞系統；由於Vittoria變速系統當時尚未問世，因此車上還看不到。

現代自行車

成熟可靠的交通工具

　　過去這70年，是自行車的發展達到成熟可靠的時期，唯有用料太差的時候品質才會受影響。在這段期間，每一種自行車都出現了，甚至數度用在戰場上，從下文照片中就可以看到英國士兵在第二次世界大戰期間使用了自行車。戰後，原先用於提升部隊機動性的摺疊車設計隨即融入眾多車款，供社會大眾使用。此後，消費者對於輕巧性和攜帶的便利性愈來愈重視，催生了許多指標性車款，例如Graziella摺疊式自行車，或者更近代的Brompton摺疊式自行車，而這只是當今市場上眾多摺疊車的其中兩款。

　　聽到「現代自行車」一詞，我們不該只想到碳纖維車架和電子換檔系統，畢竟這些裝置即使在今天，也只常見於競速車或公路車。1940和1950年代車款的優雅風格，至今仍受全世界自行車騎士喜愛，車迷也樂見以寶獅為首的現代車廠推出復古車款，以現代材料、零件和做工，打造出懷舊風格。在這樣的背景之下，中國的飛鴿自行車是一個特例。這個廠牌的車款多年來沒什麼改變，仍舊製造得堅不可摧，雖然絕大多

數在中國國內販售，卻是全球銷量最大的自行車。

　　現代自行車必須好看又好騎，下文的MBM Nuda自行車，和布魯克林自行車公司特色鮮明的車款就是絕佳範例。美國品牌Budnitz也朝這個方向發展，旗下車款可說是進入新千禧年後自行車設計與製作工藝的最佳寫照。不過現代自行車可能的發展方向很多，例如Dawes這樣的經典品牌就推出了長途旅行車；有的則是老品牌在易主之後重新出發，例如Bottecchia。另外，汽車製造商也開始對自行車市場感到興趣。寶獅早就擁有廣泛的產品線，Kia和Smart兩家公司則嘗試推出電動輔助自行車，而BMW則推出數量不多、但辨識度超高的車款，造型與旗下跑車一樣帥氣，其中也包含電動輔助車款。最後值得一提的是Schwinn公司，這個廣受歡迎的美國廠牌追求環保，近來更推出亞麻纖維車架。

　　這個產業無疑還有很大的創新空間，因此很難確切預測自行車將會如何發展，但可以肯定的是，使用可回收的環保材料將會是未來的一大趨勢。

伯明罕輕型武器公司（BSA）成立於1861年，以生產兩輪交通工具起家，製造並販售了當時第一批安全自行車。不久，BSA把商標改為三把前端刺刀靠在一起的來福槍。早在南非爆發波耳戰爭（Boer War）時，這家總部位在伯明罕（Birmingham）的公司就是英軍的官方供應商。BSA提供給英軍的主要車款之一是空降自行車（Airborne Bicycle），雖然專為傘兵設計，但也供空軍和步兵使用。空降自行車是一款摺疊車，即使跳傘時，也可以摺起來隨身攜帶。根據原始設計，這款車重量應該不到10.4公斤，但實際製造時卻無法控制在14.5公斤以下。此款自行車使用雙管結構的車架，目的是壓低整體重量，上管和下管採弧形設計，方便陸空運輸。

　　1942年，軍方開始使用第一代空降自行車，當時還是採用雙座管，但不久之後就改成了單管設計。第一代（比較少見）和第二代加起來，BSA總共製造了超過7萬輛空降自行車。這款車也被誤稱為「傘兵自行車」（parabike，顧名思義是傘兵專用的車），外型很好辨認，因為車架形狀特殊，上面還設計了槍托架，可以讓槍管靠在把手上。另外，車架的弧形上下管之間也可以放置一個背包。自行車的下管印有BSA三把刺刀的商標，如果還不夠清楚，皮製座墊和齒盤上可以看到B、S、A三個字母。踏板只是一根簡單的橫桿，而非一般較舒適的板狀設計。座墊包是另一個重要配件，用來收納修復內胎破洞要用到的所有工具。

62　　第二代BSA空降自行車是單座管設計。BSA共生產了大約7萬輛空降自行車，弧形車架的設計是為了方便運送。

62-63　　這張1944年盟軍登陸義大利安濟奧（Anzio）的照片，可見到二戰期間英國部隊使用的BSA自行車。這款車專為傘兵設計，但也供應給空軍和步兵。

二戰時期的
BSA空降自行車

Taurus公司的Super Lautal 自行車，1940

　　傳說德國紐倫堡（Nuremberg）的創建者是希臘神話中的公牛托魯斯（Taurus），一間德國自行車工廠就以此為名；工廠的製造部門在1930年代遷到米蘭市郊的凡札蓋洛（Vanzaghello）。第二次世界大戰爆發前，Taurus公司主要採用德國原料；完全改由義大利人經營後，公司希望在不用德製車管和零件的情況下，繼續提供高品質的自行車。

　　早在1930年代，Taurus就為了減輕車身重量而開始使用鋁材，推出新的改良車款，Lautal自行車就是其中一例。Super Lautal自行車的品質又進一步提升，採用經典造型車架，男款配置水平上管，女款上管則是傾斜設計。即使以現在的標準，Super Lautal也是非常輕的一款車，這是由於車架、前叉、鍊蓋和擋泥板都是以杜拉鋁製造，就連花鼓和曲柄也是杜拉鋁材質。Super Lautal自行車配備Simplex三段變速系統——這是最早的變速系統之一。五輻條齒盤是Taurus自行車的基本配備，但公司最具代表性的設計其實是踏板，由六個印上「T」字圖示的橡皮方塊所構成。

　　由於Taurus自行車品質優良，從1908年創立至今，已經有超過百年的歷史。除了各式各樣的現代自行車，Taurus也繼續製造工作車（work bikes），以及即使在艱困時刻都為公司創造銷售佳績的經典風格復古單車。

64　要一頭撐起五箱蛋糕和可頌麵包，想必需要驚人的平衡感，照片中的外送小弟看起來卻不費吹灰之力。

65　這輛1940年的Super Lautal淑女車外型亮眼，配備鋁製車架和Simplex三段變速傳動系統。

66左　照片中的人正是薩爾瓦多·達利，他手裡拿著畫和手杖，旁邊是一輛Graziella摺疊式自行車。這張照片攝於巴黎里窩利街（Rue de Rivoli）。

66右　照片中的自行車一身搶眼的金色外漆，是義製Graziella摺疊車在1964年剛上市時的原始外型。

Graziella摺疊車

67　自2012年起，Bottecchia公司又開始重新生產新版的Graziella摺疊式自行車。圖為金色版Graziella，儘管隔了半個世紀，從車架的顏色仍可一眼就認出這款車。

　　Graziella不只是一輛自行車，更是一個時尚現象，全面翻轉了義大利人對自行車的看法。Graziella摺疊式自行車在1964年推出後，迅速成了普通男女車款之外的新選擇。Graziella的設計者是里納多·董澤利（Rinaldo Donzelli），一開始的構想是要打造一輛小型摺疊車，用汽車後車箱就可輕鬆運送；這也是義大利首次生產摺疊車，由位在維托里奧威尼托（Vittorio Veneto）的Carnielli公司製造。車架採用分離桿，可輕鬆摺疊，中間的手把和座椅是可拆式設計，還能配合騎士身型調整高度。為了減少車體大小，輪子只有16吋，車上還配備行李架、鍊蓋和擋泥板，外加印有公司「G」標誌的金屬車鈴，無論是聲音還是外觀都特色分明。

　　這款自行車雖然小巧，總重量卻有16公斤左右，雖然這代表車體夠結實，足以應付各種用途，但還是相當重。Graziella摺疊式自行車之所以如此成功，就是因為男女老少皆宜；連法國女星碧姬·芭杜和藝術家薩爾瓦多·達利都曾經

和Graziella合影。芭杜和VéloSolex輕型機踏車早有淵源，也是Graziella的廣告代言人，宣傳中把Graziella形容為「碧姬·芭杜的勞斯萊斯」。Carnielli公司除了原本的設計，也推出各式各樣的新版Graziella，有些輪子較小，適合孩童，有些則設計成雙人或甚至三人協力車。1971年，Graziella的車輪加大到20吋，Graziella Leopard和Graziella Cross等新車款相繼誕生，仿效Schwinn公司的Sting-Ray（刺魟）自行車。

　　Carnielli公司在1980年代停產Graziella，但到了2012年，Graziella又重回市場，由Bottecchia公司重新賦予這款車全新的當代造型，推出四種顏色：「碧姬」白、「薩爾瓦多」藍、黑和金。現在的Graziella自行車配備20吋車輪、鋁合金車架、鋼製前叉以及三段變速Shimano Nexus傳動系統，總重量15.5公斤。新版的Graziella當然還是摺疊車，公司宣稱可以在20秒內完全收起或打開。

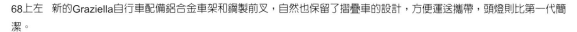

68上左　新的Graziella自行車配備鋁合金車架和鋼製前叉，自然也保留了摺疊車的設計，方便運送攜帶，頭燈則比第一代簡潔。

68上右　金屬車鈴上明顯的「G」字標誌代表Graziella，和最初的設計相同。車鈴的聲音十分特別，從遠處就聽得出來。

68下、69　圖為新版Graziella展開和摺疊後的模樣。根據Bottecchia公司的說法，只要花20秒就能完全把車收起或打開。新版Graziella的總重量是15.5公斤。

Rossignoli公司的 Garibaldi 71自行車

位於義大利米蘭的Rossignoli自行車公司早在1900年就已成立，是單車迷的最愛。這家公司除了販售各廠牌的單車、經營現代化的維修站，也生產款式多樣的自家品牌自行車，從長途旅行車、三輪車、雙人協力車到競速車，每個人都能找到適合自己的車款。

Rossignoli公司最受喜愛的經典產品之一是Garibaldi 71自行車，有男用和女用車架兩種設計。這款車的靈感部分源自時尚之都米蘭，名稱取自Rossignoli的店址（Garibaldi路71號），忠實反映品牌歷史。Garibaldi 71的定位是城市車，造型沿襲自米蘭的單車黃金年代，當時在這個倫巴迪大區（Lombardy）首府，自行車是很受歡迎的交通工具。外型特色在於車把的形狀、Brooks皮製座墊連同獨特的鉚釘，以及完整包覆的鍊蓋，以避免弄髒騎士的褲子或裙子。

Garibaldi 71自行車通常是單速設計，但也可以改成三段變速系統。Rossignoli公司的設計保留很大的個人化空間，騎士可以自由換掉Brooks座墊和皮製握把，除了五種基本顏色，還可以從Pantone公司或RAL的色卡上挑選其他顏色的烤漆。鋼製車架在出廠時即已焊接好，前叉和42齒的齒盤也是鋼製，28吋的車輪是鋁合金材質，搭配黑色輻條。另外為了方便夜間騎車，Garibaldi 71還配備前後車燈，並使用可充電電池取代傳統發電器。

70-71 Garibaldi 71是一款城市車，造型經典優雅，可加裝三段變速傳動系統，讓用途更廣。這款車有男用和女用車架，外漆顏色也可以自行指定。

71　由彈簧墊高的Brooks座墊讓Rossignoli公司的自行車看起來更有品味，但也可以選擇其他廠牌的座墊。28吋的車輪是鋁合金，前叉和車架的其他部分則是鋼製。

Driggs三段變速車（Driggs 3）的外觀呈現無比強烈的都會風格。布魯克林自行車公司（Brooklyn Bicycle Co.）的標誌是同名的著名景點：布魯克林大橋，而在標誌上以及最初生產的鍊蓋上都印有「布魯克林巡航車」（Brooklyn Cruiser）的字樣，彷彿再三強調他們的自行車是專為紐約街道而設計。事實上，這也正是設計者萊恩‧薩加塔（Ryan Zagata）的本意。他在布魯克林騎過公路車和登山車後，決定設計一款簡單方便的交通工具。Driggs三段變速車是現代車款，卻有1940年代的復古外型，車架的雙上管時尚設計讓整輛車充滿了原創感。把手和座墊都採用經典造型，另外還有擋泥板和後貨架，貨架上可以放置一個木箱，運送個人物品或工作裝備。

在鋼製車架和前叉的加持下，這款車更加堅固、性價比更高，重量卻沒有因此增加，而是維持在14.5公斤。Driggs三段變速車的另一項優點是價格親民，零售價不到600美元，但布魯克林自行車公司也推出比較昂貴的Driggs七段變速車（Driggs 7），要價約750美元。Driggs三段變速車配備Shimano Nexus內變速器、鋁合金踏板和三片式曲柄組，還可以配合偏好的齒數比更換齒盤。車把手、前花鼓和輪圈的材質都是鋁合金，輻條是不銹鋼，座墊和握把套則是人造皮，不僅美觀，還能應付各種天氣狀況。Driggs三段變速車是布魯克林自行車公司的代表作，除了黑色、丹寧藍和橘紅色，現在還推出了軍綠色的型號。

布魯克林自行車公司的
Driggs三段變速車

72-73　Driggs三段變速車（Driggs 3）崛起自紐約布魯克林區，主要特徵是車架的雙上管設計。儘管造型很像1940年代的自行車，Driggs三段變速車卻是徹頭徹尾的現代車款。

BKCdriggs

Bottecchia公司的Alivio 27段變速車

在歐洲北部長途旅行自行車很受歡迎，不管是不是旅遊旺季都流行單車出遊。長途旅行車比公路車和登山車更需要應付各種環境，因此堅實可靠，能在漫長的旅程中維持騎乘舒適度，還可攜帶行李。對這類自行車而言，多段變速、行李架、擋泥板，以及不怕風吹雨打的車架，都是不可或缺的。

雖然市面上已有適合各種預算和品味的長途旅行車，但Bottecchia公司的Alivio 27段變速車（Alivio 27 S）性價比絕佳，是這類自行車最具吸引力的選擇。這款車有三個版本：「246號Alivio 27段變速淑女車」（246 27 S Lady）具有硬式前叉和女用車架；最高階的則是「250號Alivio 27段變速發電花鼓自行車」（250 Alivio 27 S Dynamo Hub），所配備的避震前叉由榮輪公司（Suntour）設計，非常容易辨認，連難騎的土路都能輕鬆應付。車架採用液壓成型的合金，裝設Shimano公司的Alivio零件組（即這款自行車名稱的由來），以及同樣由Shimano出產的前花鼓；花鼓結合發電器為車燈供電，這一點連同擋泥板，都是Alivio27段變速車的關鍵特點。

把手採用直管車把，握起來很舒服，也方便騎士欣賞風景，同樣至關重要的座墊則採用符合人體工學的設計，適合長途旅行。總重量方面，如果使用避震前叉是16.5公斤，「245號Alivio 27段變速男仕車」（245 Alivio 27 S Man）配備硬式前叉，重量則是14.5公斤，但顯然比較不適合在非正規道路上使用。

74-75 歐洲北部國家盛行單車旅行。Bottecchia公司的Alivio 27段變速車男女皆宜，合金車架是液壓成型，在長途旅行車中算是十分物美價廉的車款。

城市車不是外型普通，就是創意十足但要價不斐，因此要設計一款外型出眾又價格實惠的城市車並不容易，但位在義大利且塞納（Cesena）的自行車商MBM做到了。Nuda自行車不到400歐元，卻非常與眾不同，擁有極簡風的車架設計，還可以選擇顏色對比強烈的零件，來搭配灰色的鋼製車架與前叉。從高框車輪、座墊、握把到車管上的貼標，甚至是鏈條，都可以選擇沉靜的米白色，或者橘色、紅色或藍色；加上強調對比的輪胎配色，這種搶眼的色彩搭配就是Nuda自行車的招牌設計美學。

這款自行車主要適用在都會區，採單速設計，只具備一個48齒的齒盤和18齒的後齒輪。「翻轉式」花鼓可兩用，反轉後輪就可調整為固定齒或飛輪。座桿、豎管、車把、曲柄臂和腳踏板都是鋁合金製，座墊、握把以Whyplus麂皮包覆，附加配件方面則比較缺乏（幾乎完全沒有）。除了Nuda自行車，MBM公司還有許多值得一提的車款，其他男女適用的自行車顏色與設計都很特別，在現代自行車市場上自成一格。

MBM公司的
Nuda自行車

76-77　在眾多現代自行車中，MBM公司的Nuda自行車以極簡風車架和搶眼的撞色設計脫穎而出，價格又不至於太傷你的荷包。這款自行車適合都會生活，不具變速功能。亮麗的橘色突顯了各個零件，包括輪圈、座墊、握把，甚至是鏈條。麂皮座墊和握把也是一大特點。

寶獅雖然已經是很成功的汽車製造商，但仍不忘初衷，到21世紀的今天還繼續出產販售公司創立之初的產品：鹽和胡椒的研磨器、咖啡研磨機……以及自行車。有些產品表現出向傳統致敬的強烈意圖，Legend LC11自行車就是一例，這款淑女車重現寶獅1970年代的自行車造型，同時加入一點現代巧思。

　　Legend LC11的設計概念從前輪就可以略窺一二：Shimano花鼓內建發電器，可供電給鹵素頭燈和紅色LED後車燈。三段變速的Shimano Nexus傳動系統與車身復古外型完美結合。除了車架設計，鍊蓋、載物架和擋泥板也採用經典造型。後輪擋泥板上加設護裙板，防止衣物被捲入後輪輻條，也成為車身上的另一個亮點。Legend LC11自行車連車鈴也很復古，使整體造型更賞心悅目。這款車的整組車架和前叉都是鋼製，重21.9公斤，無疑是非常粗壯的交通工具，只有踏板和座桿是鋁質。

　　Legend LC11自行車採用Spectra公司的Recta座墊，彈簧的設計坐起來更加舒適，但也可以更換成飾有金屬鉚釘的經典Brooks座墊。載物架上還附帶彈簧繩，可固定載運的物品。車輪是28吋，輪胎上帶有反光條設計，在光線不足的環境下提升車身可見度。另外還配備標準防盜裝置，以這麼完備的功能而言，價格非常平易近人。

78-79　Legend LC11的外型雖然類似1970年代的車款，卻是非常現代的自行車，配備Shimano Nexus傳動系統和前花鼓內建發電器。從鍊蓋到護裙板，整輛車的造型都非常復古。

寶獅
Legend LC11
自行車

Schwinn公司的 Vestige自行車

　　Schwinn公司的Vestige自行車在2010年歐洲自行車展（Eurobike）拿下創新設計金獎。歐洲自行車展在德國福吉沙芬（Friedrichshafen）舉行，長久以來都是歐洲最重要的單車展。雖然Schwinn已經不再出產Vestige自行車，這款車仍可說是大眾型環保自行車的最佳典範。Vestige從上到下幾乎都可被生物分解，除了車子本身採用紡織纖維及回收材料，甚至連製造過程都極為環保，以降低對環境的衝擊。車架80%是亞麻纖維，加上20%的碳纖維，達到應有的強度。

　　Vestige自行車最鮮明的特色（特別是在夜間），

是會發亮的半透明亞麻纖維上、下管，管內裝設了LED燈，電力來源是與Shimano前花鼓結合的發電器。車身採用最環保的水性塗料，前叉、車把和座管都使用回收的鋁合金，即使是Schwalbe公司的輪胎也是汽車輪胎再利用，竹製擋泥板和握把進一步提高整體造型的風格。九段變速的Shimano Alivio零件組很適合Vestige這類的城市車及長途旅行車，塑膠踏板上更配備了反光板。Vestige自行車也有淑女車款：取下了上管，車架及前叉的塗裝主要是白底綠葉的設計。

80　左頁照片中發光的上管及下管是Vestige自行車的一大特色。車架可生物分解，半透明的上、下管內建LED
燈，由前花鼓內建的發電器供電。

81　就連內建擋泥板也可以被生物分解，更添這款車的格調。Vestige自行車率先採用亞麻纖維車架（不過混有
20%的碳纖維提高強度），漆面也都採用水性塗料。

82-83　Vestige自行車造型現代，配備Shimano Alivio九段變速系統。Schwalbe牌輪胎以汽車輪胎回收再製，所有鋁合金零部件也都是回收材料。

83 擋泥板和握把也由竹子製成，上面刻有Schwinn公司的標誌。Vestige自行車也另外推出淑女車款，白色外漆搭配綠葉，向生態永續發展的精神致敬。

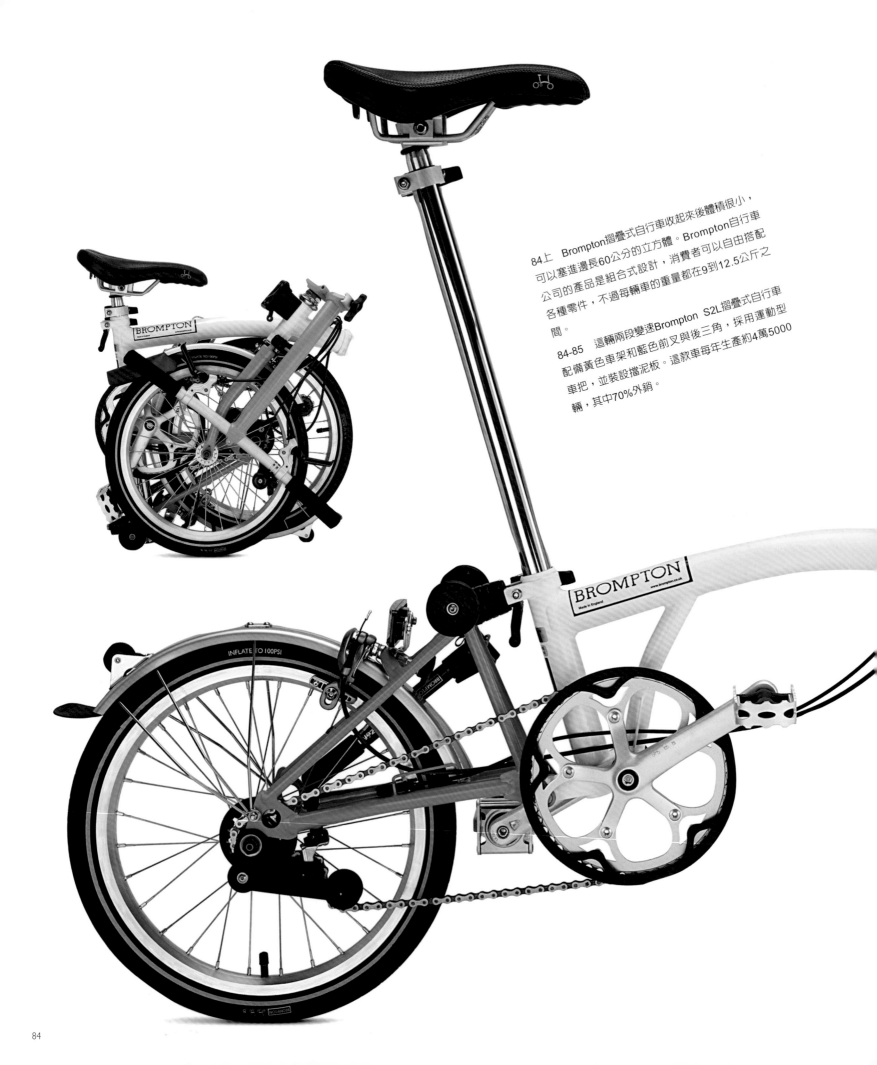

84上　Brompton摺疊式自行車收起來後體積很小，可以塞進邊長60公分的立方體。Brompton自行車公司的產品是組合式設計，消費者可以自由搭配各種零件，不過每輛車的重量都在9到12.5公斤之間。

84-85　這輛兩段變速Brompton S2L摺疊式自行車配備黃色車架和藍色前叉與後三角，採用運動型車把，並裝設擋泥板。這款車每年生產約4萬5000輛，其中70%外銷。

Brompton自行車公司（Brompton Bicycles）成立於1975年，靠著創始人安德魯·里奇（Andrew Ritchie）的傑出設計，旗下摺疊車成為了業界標準。Brompton摺疊式自行車推出之後，除了一些陸續的微調外，整體設計幾乎沒有更動。這款車其實是組合式單車，基本車架上能自由搭配四款車把和四種變速系統（單速到六段變速之間），還可以選擇加裝擋泥板及載物架。除此之外，消費者也可以選擇車架顏色、輪胎廠牌，座墊和座墊包的類型，決定是否裝設車燈，以及電力來源要用發電器還是電池。不考慮載物架的話，目前共有2800萬種規格組合。就連Brompton自行車公司的產品型錄也分成各種單元，總價格可以根據基本組成和其他選用配件輕鬆計算出來。

Brompton公司的工廠位在倫敦市郊布倫福（Brentford），是英國最大的自行車製造商，光是2014年就生產了4萬5000輛，其中70％銷往國外；每輛單車總共包含約1200個零件，其中四分之三是特製。Brompton摺疊式自行車的主要特色，在於只要四個簡單步驟就可以收疊起來，過程大概10到20秒。車輪直徑16吋，摺起來後幾乎不占空間，體積不到60×60×27公分，能輕鬆帶上大眾運輸工具、汽車，甚至當成行李帶上飛機。重量方面，視不同設計而定，最輕9公斤，最重12.5公斤。

Brompton摺疊式自行車型號的命名方式很特別。第一個字母表示車把的類型：傳統車把是M類，高把是H類，混合型是P類，而運動型車把是S類。中間的數字代表幾段變速：一（單速）、二、三或六。第二個字母則是指其他選用的配件：「E」表示不搭配擋泥板或載物架，「L」是有擋泥板但沒有載物架，「R」則是兩個都有。如果具有超輕量鈦合金零部件和特製前輪，名稱最後會加上「X」。以照片所示的S2L為例，這個型號使用直式運動型車把和兩段變速系統，並裝有擋泥板。Brompton摺疊式自行車基本款售價略高於1250美元，相信不久後還會推出配備電動輔助系統的型號。

Brompton
摺疊式自行車

BMW Cruise M-Bike
自行車

86　總部位在慕尼黑的BMW雖然以汽機車較為聞名，但製造自行車也超過60年了。Cruise Bike另外有M版車款，字母M代表的是BMW的賽車部門。

87　上管的弓形設計讓人聯想到公牛的頸背，因而以此命名。BMW自行車外型現代、設計獨特。避震前叉由榮輪公司製造，車上配備碟煞。

　　總部位在慕尼黑的BMW毫無疑問是以汽機車聞名世界，儘管如此，這家德國廠牌的自行車也有60年的歷史了，這點在德國之外可能比較不為人知。BMW的基本自行車款叫作Cruise Bike，就像公司的其他產品一樣，這款自行車結合現代風格和簡潔設計，力求展現最高的原創性。鋁合金車架配備榮輪公司的XCT避震前叉，上管是奇特的弓狀造型，像動物的頸背，因此稱作「牛頸」，看起來強健有力。傳動系統採用Shimano公司的Deore系列，裝設三個齒盤，後輪配備十速卡式飛輪，沒有外部纜線的設計讓整體造型更加清爽俐落。就像BMW的汽車一樣，Cruise Bike也有更頂級的版本，車款名稱加上「M」，代表BMW的賽車

部門。

　　Cruise M-Bike的外形特色包含黑色車架、紅色或橘色的車輪和握把尾端、下管的「M」字標記以及碳纖維座桿和墊圈。重量比15公斤的基本款要輕，大約是14.8公斤，但同樣配備Rodi公司的26吋Airline車輪，只有顏色上的不同。輪胎採用德國馬牌公司（Continental）的Cruise Contact系列，7.09吋的碟煞來自Shimano公司。BMW已經研發出Cruise Bike的電動輔助自行車款，配備Bosch公司的250瓦馬達；BMW宣稱這款電動輔助自行車在電動模式下，可以行進約100公里，電動輔助功能最高能把踩踏力道提升到225%。

Dawes公司在1970年代早期推出第一輛Galaxy銀河自行車，率先量產長途旅行車，帶動這類型車款的革新。Galaxy銀河自行車堅固耐用，非常適合攜帶個人物品和行李，騎車度假或到處探索熱門景點時，就能派上用場。Dawes是英國公司，總部位在伯明罕附近的布隆米奇堡（Castle　Bromwich）；1906年成立時，公司名為Humphries　and　Dawes，之後則改為Dawes自行車公司（Dawes　Cycles），1926年開始專營自行車事業。早在推出Galaxy銀河自行車之前，Dawes就已經十分出名，不僅是由於產品品質優良，也因為它是英國軍方的自行車供應商。

Galaxy銀河自行車已發展，長途旅行車的某種產業標準，第一個型號推出後，熱度持續延燒超過40年。今天的Galaxy銀河自行車依循傳統，仍然採用Reynolds公司生產的鋼製車架（現為鉻鉬鋼材質），但也有型號是配備鋁合金車架，價格稍微便宜一些。車架的幾何設計能提供最舒適的長途騎乘體驗，訂製的凝膠填充座墊可進一步減輕旅途中的疲勞。Galaxy銀河自行車配備Shimano公司的STI　Alivio傳動系統，前輪採用三片齒盤，後卡式飛輪具備九片齒輪，Schwalbe輪胎則是標準配備。Galaxy銀河自行車的樣式很多，其中「經典」（Classic）、「進階」（Super）和「極致」（Ultra）價位較高，差別在於這三種型號使用不同的零件組，以及更高品質的零件，例如極致系列就配備較為堅硬的鋼製車架和Brooks座墊。所有型號的重量都是15公斤上下，最經濟實惠的要屬經典Galaxy銀河自行車，這個型號採用Shimano　Tiagra十段變速傳動系統。

88-89　對於喜愛騎車長途旅行的人而言，這款英國自行車是購車時的參考標準。Galaxy銀河自行車依循傳統，採用Reynolds公司的鋼管車架，但也有多種不同的型號。

Dawes公司的
Galaxy銀河
自行車

Legnano公司的
復古紳士車

Legnano自行車公司的歷史與三位車手的貢獻密不可分：阿爾弗雷多・賓達、吉諾・巴塔利和法福斯托・寇比。1908年，這家公司由艾米里歐・波茨（Emilio Bozzi）創立，並在1930年代進入鼎盛時期，合作夥伴弗朗哥・托西（Franco Tosi）的加入功不可沒。這位義大利商人來自雷涅諾（Legnano），也就是現在廠牌名稱的由來。

Legnano的產品特色包含蜥蜴綠的賽車車架，以及繪有傳奇勇士裘薩諾（Alberto da Giussano）人像的商標。阿爾弗雷多・賓達是Legnano的首位名人大使，巴塔利和年紀較輕的寇比則幫助這家義大利公司打開國際知名度。1958年，奧運金牌選手埃勒寇萊・巴迪尼（Ercole Baldini）騎著Legnano的自行車，參加在法國漢斯（Reims）舉行的世界自由車公路錦標賽，順利拿下金牌。進入1960年代之後，Legnano公司開始走下坡，並在1980年代中期遭Bianchi公司收購。不過，Legnano在新公司的發展並不順利，重重困難與挑戰之下，這個品牌幾乎要就此絕跡。1988年，莫里左・方德瑞斯（Maurizio Fondriest）騎著Legnano提供的自行車，奪得世界自由車公路錦標賽冠軍，但要等到2012年Esperia di Cavarzere集團買下Legnano之後，品牌的經典車款才又重新面世。集團旗下還有Torpado和Fondriest兩個品牌，販售的自行車類型十分多樣，包含公路車、登山車、城市車和淑女車。

Legnano現代自行車不忘向傳統致敬，明顯可以看得出經典車款的影子。復古紳士車（Vintage Gent）也不例外，鋼製車管和獨特設計無不透露著復古的氣息，配備28吋鋁合金車輪、全包式鍊蓋、軟墊式座墊和經典款車燈發電器，雙背帶皮製馬鞍包為自行車整體造型更添復古風采。以上配件也可以更換為Brooks的皮製座墊、握把和馬鞍包。

90-91 車如其名，這款新的Legnano自行車復古造型毫不馬虎，連發電器都是經典款。復古紳士車（Vintage Gent）的重要特色包含鍊蓋、擋泥板和桿式煞車，車上還配備皮製馬鞍包。

92上　飛鴿自行車公司的天津工廠距離中國首都北京約
100公里，裡頭的工人正在製作車輪。儘管來自外國廠
牌的競爭導致飛鴿自行車銷量減少，這家工廠還是每
年生產80萬輛左右。

92下　PB-13淑女車配備的前置金屬車藍，是這款中國
自行車少數可以選用的配件。

93　　兩款男用車中，PA-06具有雙上管，PA-02的造型
則比較傳統。

飛鴿自行車

要談自行車，就不能不提中國。在這個亞洲最大的國家，自行車仍是主要交通工具。飛鴿自行車公司（Flying Pigeon）在歐美地區或許不算出名（在古巴卻非常受歡迎，還被稱作「中國牌」），但自從天津工廠在1950年出產第一輛自行車後，這家公司的單車產量累計約達7500萬輛。新工廠在1998年開張，每年生產80萬輛左右，款式十分多樣，有40種不同的型號，其中比較傳統的車款外銷全世界。

飛鴿的經典自行車有PA-02和PA-06兩款男用車，以及淑女車PB-13。這三種型號都採用鋼製車架，整體設計不僅簡單實用，更講求堅不可摧的耐用性，幾乎可以用一輩子。三款車都不具變速功能，配備28吋車輪，車體全黑，和史上第一台量產汽車：福特T型車一樣。這幾款自行車的配件包括自動發電車燈及前置金屬車籃。車身造型經典復古，完全不受現代風格的影響，連保護鏈條的鍊蓋設計也可追溯到1950年代。標準配備還包含擋泥板和桿式煞車，彈簧座墊是真皮材質。不同於PA-02，PA-06具有雙上管，設計初衷是增加強度，方便農夫運豬！不過從其他車款上可以觀察到，現在許多單車工匠為了讓作品看起來比較獨特，也會採用這種設計。PB-13淑女車的設計和其他兩種型號一樣，最明顯的差別在於PB-13沒有上管。後停車架方面，男用車使用雙柱停車架，淑女車則是側腳架。

B'Twin公司是法國迪卡儂集團（Decathlon）旗下廠牌，大型零售通路遍布全球，總部位在法國里爾（Lille），當地也設有一座365天全年無休的遊樂園區，供粉絲深入了解B'Twin，並暢遊附設的主題樂園。與迪卡儂集團合作保障了B'Twin的高銷售量，B'Twin每年製造約10萬輛自行車，成為法國的產業龍頭。

B'Twin的產品從最初的登山車，到公路車、場地越野自行車、城市車和兒童單車，樣樣不缺。所有型號都高貴不貴，部分原因是大規模生產降低了成本。B'Twin的混種車產品當中，最堅實的是Original系列，下管加大再搭配短小的上管，外型很好

辨認。這個系列的單車有數種型號，最常見的是Original 300。這款車也有推出「限量版」，配備銀色鋼製車架和螢光綠前叉，兩者都享終生保固。Original 300總重量15.25公斤，Shimano傳動系統包含三個齒盤以及後輪的七速卡式飛輪，所以各種坡度都不成問題。車輪有26吋或28吋兩種選擇，男女通用的Selle Royal座墊採用泡棉襯墊，讓長途單車之旅更加舒適。輪胎使用B'Twin自家品牌，讓已經十分親民的價格得以再向下壓低。Original 300另有推出E-Kit版本，後載物架上裝設有250瓦的電動馬達和24伏特的電池；雖然總重量因此達到22公斤，卻換得了約30公里的續航力。

B'Twin公司的
Original 300自行車

94　Original系列自行車的車架很好辨認，短小上管搭配較長的曲形下管。B'Twin是迪卡儂集團旗下的廠牌，因此產品價格十分具有競爭力。

Budnitz公司的 三號自行車Honey Edition

95 Honey Edition與其他型號的三號自行車不同，配備蜜色的座墊和握把，以及奶油色的輪胎。傳動系統的選擇有單速、11段或14段變速。上管後段一分為二，構成單車後三角的一部分，因此即使從一段距離之外看到這個特色十足的車架，也能認出是Budnitz公司的三號自行車。車架有鈦合金款，因此重量非常輕。

保羅・巴德尼茨（Paul Budnitz）的姓氏聽起來像德文，卻是個不折不扣的美國創業家。他不僅成立了自行車公司，還身兼導演、作家，甚至創立名為Ello的零廣告社群網站。Budnitz自行車公司成立於2010年，總部位在美國弗蒙特州柏林頓市（Burlington），出產的自行車號稱世界最輕，樣式也最優雅。車架以鈦或鉻鉬鋼打造，特點在於上管呈現弧形，並在中段一分為二，構成後三角的一部分。

三號自行車是Budnitz城市車概念的最新進化款，車架最輕才2.7公斤。29吋的車輪、寬輪距和車體幾何都經過特別設計，可吸收路面不平導致的震動和回饋。

無論選用何種車架，車管都是弧形，座墊和把手也都塗上一層鈦合金外漆。三號自行車的Honey Edition型號很好辨認，配備蜜色的Brooks座墊和管狀握把。還特別採用德國直接進口的Schwalbe或Marathon奶油色輪胎，專門搭配Budnitz的黑色輪圈。三號自行車有數種傳動系統可供選擇：單速系統、11段Shimano Alfine電子變速，或14段的Rohloff；全系列都採用Gates公司的皮帶傳動機制。這款自行車配備機械式碟煞，也可以選擇附加液壓煞車。Honey Edition提供多樣的零部件組合，個人化的空間不輸其他三號自行車款，包括木製或鈦製擋泥板、鈦製後車架和銅製車鈴。

現代競速車

自行車進化論

　　交通工具發明後，各種先進技術都是先通過競賽的檢驗與測試，才逐漸導入日常之用，兩輪或四輪都是如此。不僅是汽機車，我們甚至可以從更早的自行車發展史中觀察到這種現象。各家車廠相互競爭，比賽誰打造的機器可以讓選手騎得最快，代步工具也因而不斷演進。因此，競速車的歷史與自行車本身的發展密不可分，影響的不只是車架和車輪，更擴及所有零件。舉例來說，換檔需求促成了變速系統的重要變革，但若沒有經過環法賽、環義賽和其他自由車賽的檢驗，圖利歐‧康帕紐羅（Tullio Campagnolo）的高明構想也不會這麼快開花結果，發展為成熟的單車零件。

　　從下管變速桿到電子控制系統，專業車手在比賽裡用到的所有零件愈來愈安全可靠，得以供世界各地的單車愛好者使用。接下來的章節將會介紹競速車的發展進程：從巴塔利一直到布萊德利‧威金斯（Bradley Wiggins）和文森佐‧尼巴里（Vincenzo Nibali）的時代。每個再小的零件都是經過長時間的改良，才有現在的樣貌，但即使如

此，日後仍注定會被超越。車架逐漸從鋼製車管結構發展成碳纖維材質，二戰時期尚無人知曉的空氣動力學作用也融入了設計，整個過程極為精采；卡式踏板普及的過程，同樣值得玩味。座墊到車輪、煞車到輪胎，單車從上到下都受到全球自由車賽的影響。現在市面上的車款多樣，足以滿足各種品味及預算。消費者可以花上2萬歐元，購買由Specialized公司與McLaren公司合作推出的自行車，這款車簡直就是科幻小說的產物。Colnago公司的Ferrari系列專為獨具慧眼的客戶設計，同樣價格不斐。

但是，競速車發展史也與頂尖車手和他們的偉大成就息息相關，這些專業騎士費心費力，將自由車賽及自行車本身發揚光大，功不可沒。想像一下，如果巴塔利、寇比、艾迪·莫克斯和菲利伽·吉蒙迪（Felice Gimondi）使用當今的進步車款，不知道又會創下什麼豐功偉業。現在就讓我們跟隨這些傳奇人物的腳步，重新看見現代競速車的歷史。

agnolo Cambio Corsa變速系統

100-101 吉諾‧巴塔利（Gino Bartali）
在1940年代晚期使用Legnano自行車，
綠色的車架特別出眾，圖中可以看到
Cambio　Corsa的雙撥桿。這套變速系
統1946年由Campagnolo公司引進，很
快就成了標準配備。

行車的歷史不只是人的歷史,也是機械零件的歷史。在後鏈輪裝載一個以上的齒輪,事後證明是極為重要的發明,對車手來說尤其如此。變速系統的先驅是康帕紐羅,他還發明了快拆車輪系統,與現在使用的幾乎如出一轍。康帕紐羅早在1935年就取得了第一套變速系統的專利,但直到1946年推出Cambio Corsa雙撥桿後,他才聞名世界,雙撥桿系統很快也成了車手的標準配備。當時的後卡式飛輪已經能裝上四、五個不同的齒輪,不過切換齒輪仍非常不容易!非專業車手必須停下來才能切換,不過專業車手已經可以邊騎邊換檔。扳開變速桿後,必須再用另一個變速桿,手動把鏈條切換到目標齒輪上,同時持續反踩踏板。車手若能安全快速地換檔,就可以在比賽中取得優勢,巴塔利就是箇中好手,他當時的Legnano自行車搭載的正是Cambio Corsa雙撥桿系統。佛羅倫斯有一座博物館,專門紀念這位托斯卡尼出身的車手,館內現在還可以欣賞到這款Legnano自行車,不過展出的其實是輕量版本,盡量避免焊接,減輕車架重量,特殊的綠色車身十分搶眼。巴塔利就騎著幾乎相同的自行車,贏得了1948年的環法賽,與他首次摘冠相隔大約十年。

102　環法賽首次奪冠十年後,巴塔利於1948年出乎眾人意料,再度封王。圖中左手邊就是巴塔利,在鐵十字山(Croix de Fer)上出擊。由於共產黨領袖帕爾米羅・托里亞帝(Palmiro Togliatti)遭刺殺未遂,義大利當時人心惶惶,聽聞巴塔利獲勝,全國無不歡欣鼓舞。

103　巴塔利騎著Legnano全力衝刺的同時,用Cambio Corsa撥桿切換齒輪。換檔需要高度技巧,這位托斯卡尼車手正是箇中好手。

寇比的世界冠軍車：Bianchi自行車，1953

104　1953年的環義賽中，寇比騎到波多伊（Pordoi）時再次加速，把所有人甩在後頭。儘管勁敵雨果·科布雷特（Hugo Koblet）緊咬不放，「冠軍中的冠軍」仍摘下了第五次也是最後一次環義賽冠軍。

105　福斯托·寇比（Fausto Coppi）騎著Bianchi自行車，終於在1953年於盧加諾（Lugano）拿下世界自由車公路錦標賽金牌。這輛Bianchi自行車仍維持原樣，以保存歷史價值，車上依然掛著比賽當天寇比的號碼布（60），變速裝備是Campagnolo公司的Gran Sport系統。

1953年寇比在瑞士盧加諾（Lugano）抱回世界自由車公路錦標賽冠軍，Bianchi公司至今仍小心翼翼地保存當年的那輛競速車。時間或許在把手帶和輪胎等零件上留下難以抹滅的痕跡，但絲毫不減這輛車的歷史價值。Bianchi公司甚至還保留了比賽當天寇比的「60號」號碼布，這個號碼現在已經是自由車賽史的一部分了。就連寇比在1953年8月8日當天使用的軟木塞鋁製水壺，也還留在車上。Bianchi自行車伴隨寇比南征北戰，是他一路上的忠實夥伴，1953年終於為這位偉大的義大利車手贏回冠軍彩虹衫。車上最關鍵的零組件包括Campagnolo公司1950年推出的Gran Sport變速系統。這套系統率先採用變速器；即使到了現在，卡式飛輪和齒盤換檔時仍普遍採用變速器。在攸關勝負的克雷斯帕拉（Crespera）坡段騎出好成績後，接下來的訓練中，寇比繼續選用51和47齒的前齒盤，後輪則搭配五個齒輪，分別是14、15、17、19、21齒。這輛自行車配備了Universal公司的煞車控制把手，

車輪非常輕，採用的是僅有250公克的倍耐力（Pirelli）輪胎。這款輪胎特別為場地爭先賽設計，比長途分段賽專用輪胎還要輕。

1953年的世界自由車公路錦標賽，大批民眾到場觀賽，其中估計有30萬名車迷來自義大利，數量相當驚人。寇比別名「冠軍中的冠軍」（Il Campionissimo），一直以來卻都和世界自由車公路錦標賽金牌擦身而過，因此對於年屆34歲的他來說，這次大賽可能是最後奪冠的機會。只剩八圈時，寇比在克雷斯帕拉坡段出擊，幾乎甩掉了所有對手，包括兩大勁敵盧伊森·巴貝特（Louison Bobet）和費迪南·庫柏勒（Ferdinand "Ferdi" Kübler），只剩比利時車手傑梅恩·德里卡（Germain Derijcke）緊追在後，但到了倒數第二圈，寇比在克雷斯帕拉再度發動關鍵攻勢，德里卡也只能望其項背。寇比最後領先六分多鐘，贏得比賽；他勝利後的第一句話是：「這是我人生中最棒的一天。」

安克提的Gitane自行車，
1963

106-107　　1963年，賈克·安克提（Jacques Anquetil）和聖拉法葉車隊開始採用Gitane自行車，車身是藍色，與法國賽車的國家代表色一樣。Gitane的零件組由車隊贊助商Campagnolo公司提供。

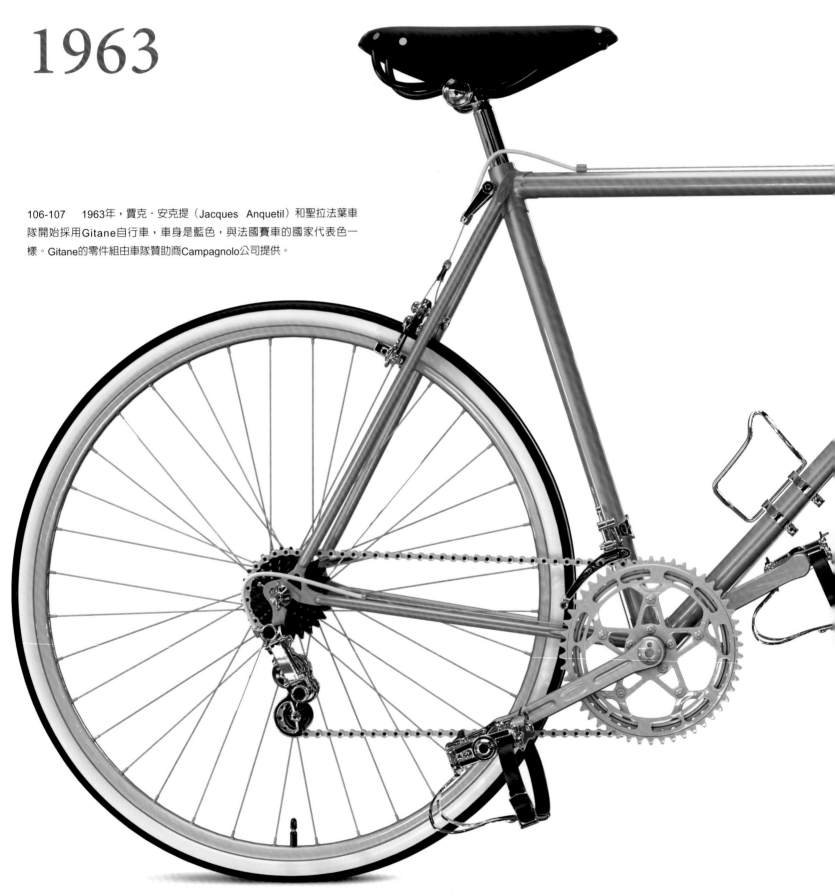

107　　圖中是1963年環法賽中的安克提，他穿著總冠軍的黃衫，隊友環繞四周。這次的勝利是安克提第四度摘下環法賽冠軍，隔年他也成功衛冕。安克提在環法賽中屢屢奪冠，讓Gitane品牌聞名天下。在車隊經理拉法葉‧傑米尼亞尼（Raphael Geminiani）的領導下，聖拉法葉車隊不靠運氣，全憑實力；車衣上能看到多家贊助商的名稱。

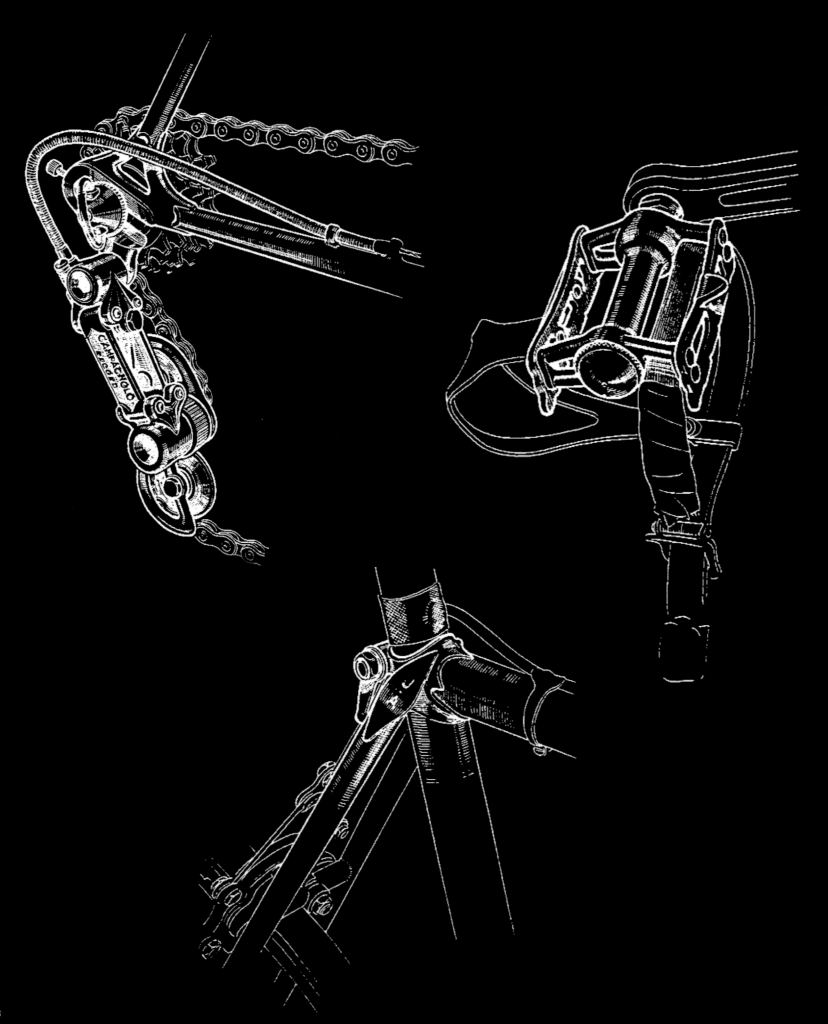

1962年，賈克·安克提（Jacques Anquetil）加入聖拉法葉（St-Raphaël）車隊，當時他已經多次奪冠，聲名遠播，車隊經理拉法葉·傑米尼亞尼（Raphael Geminiani）過去還是車手時，就與寇比亦敵亦友。來自法國諾曼第的安克提，早已坐擁兩次環法賽和一次環義賽冠軍，三大賽的表現由此可見一斑。頭一年參賽時，聖拉法葉車隊使用搭配Simplex變速系統的Helyett自行車，安克提就在當年第三度奪得環法賽冠軍。1963年聖拉法葉車隊把自行車供應商更換為Gitane公司，這家法國公司早在1950年代已將事業版圖擴展到機車產業。之後，安克提在環法賽四度封王，Gitane公司因而聲名大噪，甚至成了法國自由車的代名詞。Gitane自行車車身也呈藍色，與法國賽車的國家代表色一樣。法國賽車世界有名，都要歸功於布加迪（Bugatti）車隊和馬特拉（Matra）車隊在國際巡迴賽上的優異表現。雖然車架產自法國大西洋羅亞爾省（Loire-Atlantique）的馬榭庫（Machecoul），但安克提的Gitane自行車仍混有義大利血統：變速器是由義大利Campagnolo公司提供。Campagnolo公司在1963年贊助聖拉法葉車隊，公司標誌出現在車隊戰袍上，這件紅白藍三色車衣在自由車賽歷史中獨樹一幟。安克提第五次（也是最後一次）稱霸環法賽時，騎的仍是搭載Campagnolo零件組的Gitane自行車。由於在比賽中屢創佳績，Gitane自行車的產量和銷量不斷攀升，並隨著伯納德·伊諾（Bernard Hinault）和羅倫·費儂（Laurent Fignon）等車手的崛起，持續延燒了整個1980年代。安克提1969年退休後，加入法國自行車協會（Fédération Française de Cyclisme）管理委員會，之後又成為比賽播報員。在他的職業車手生涯裡，安克提愛喝香檳，也常常徹夜狂歡，因此經常是輿論焦點。

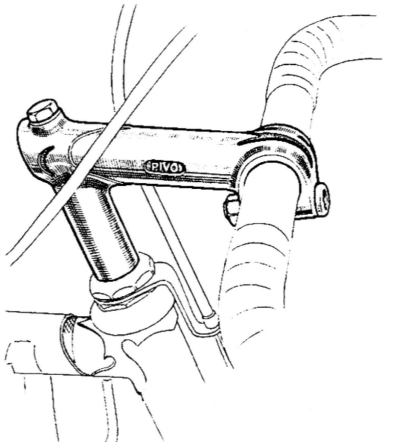

108　圖為Gitane自行車Campagnolo零件組的細部，可以看到鋼製車架上的座管接頭，以及裝有靴套和皮帶的傳統踏板。

109　安克提1963及1964年使用的Gitane把手和煞車卡鉗特寫。Gitane誕生在兩次世界大戰期間，創始人是法國南特（Nantes）馬榭庫（Machecoul）的鐵匠馬賽爾·布涅列爾（Marcel Brunelière）。

吉蒙迪的環法賽冠軍車：Chiorda Magni自行車，1965

　　1965年環法賽，菲利伽・吉蒙迪一躍成為世界巨星，但事實上他一開始根本沒辦法參賽。這位來自義大利貝加莫（Bergamo）的車手當年22歲，直到最後一刻才替補巴提斯塔・巴比尼（Battista Babini），擔任薩爾法拉尼（Salvarani）車隊隊長維托里歐・亞多尼（Vittorio Adorni）的副將，這是吉蒙迪職業生涯中的第一支車隊。年輕的吉蒙迪前一年才贏得業餘「明日之星大賽」（Tour de l'Avenir），在環法賽第三站的盧昂（Rouen）奪下黃衫，跌破眾人眼鏡。他一路領先，只有在接近庇里牛斯山脈時被短暫超前；直到在爬坡期間成功化解強敵雷蒙・普利多（Raymond Poulidor）的攻勢，吉蒙迪才確定拿下雷法山（Mont Revard）和巴黎計時賽的勝利。一個巨星就這樣誕生了，之後遇上艾迪・莫克斯，吉蒙迪才棋逢敵手。吉蒙迪生平戰績包括三座環義賽冠軍、一次環法賽冠軍和一次環西賽（Vuelta a Espana）冠軍，以及1973年世界自由車公路錦標賽金牌。

　　很多人會把薩爾法拉尼車隊與Bianchi自行車聯想在一起，但其實吉蒙迪贏得1965年環法賽時，騎的是Magni自行車。Magni的名稱取自費歐倫佐・馬恩尼（Fiorenzo Magni）——與寇比和巴塔利同時代的高人氣義籍車手。打造Magni自行車的是一家現在鮮為人知的公司，名為Chiorda，由艾托雷・奇歐達（Ettore Chiorda）創立於義大利貝加莫的亞爾比諾（Albino）。奇歐達過去也是職業車手，曾挑戰科斯唐提・吉拉登戈（Costante Girardengo），也與1920年代的其他各路好手同場較量。1960年代，安傑洛・特拉培提（Angelo Trapletti）收購了Chiorda。特拉培提後來成為Bianchi公司的老闆，因此才有人謠傳，吉蒙迪當年騎的Chiorda自行車很有可能出自Bianchi公司。Chiorda Magni自行車擁有十分醒目的藍色車架，後煞車線貼著上管延伸，配備Campagnolo公司的Record零件組。這套零件組1960年問世，大幅改善了齒輪切換的精確度。

110-111　很少有人知道，也很少有人記得，菲利伽‧吉蒙迪（Felice Gimondi）1965年參加環法賽時，騎的是一輛Chiorda Magni自行車，藍色車架非常醒目。謠傳這輛自行車是由Bianchi公司所製造，Chiorda公司和Bianchi公司當時同是安傑洛‧特拉培提（Angelo Trapletti）的名下企業。

111　吉蒙迪差點就和讓他一躍成名的1965環法賽擦身而過。照片中的他身穿黃衫，緊跟在後的是莫爾塔尼（Molteni）車隊的路隊長吉安尼‧莫塔（Gianni Motta）。

PEDALE brevettato « M-71 »
senza fermapiede e senza cinghietta

112　自行車零件產業最重大的革新之一，就是卡式踏板的發明。如圖所示，奇諾‧奇涅里早在1970年就申請了卡式踏板的專利，比Look公司將技術推廣普及還早了15年左右。

112-113　圖為配備雙面卡踏的Cinelli場地車。雙面卡踏經證實比較適合場地賽而非公路賽。

　　與多數自行車工匠和零件製造商一樣，奇諾‧奇涅里（Cino Cinelli）曾是職業車手，並以衝線手聞名。實力堅強的他以前常與寇比、巴塔利同場較勁，在1940年代的五大經典賽中留下許多勝利紀錄，包括米蘭－聖雷莫大賽、環亞平寧賽（Giro dell'Appennino）、環皮埃蒙特賽、三瓦雷奇涅山谷賽（Tre Valli Varesine）和環倫巴底賽。奇涅里還是車手時，就開始製造把手和豎管等零件，退休後就專職零件生產，之後更進一步製造整輛自行車。他最重要的發明包括M71卡式踏板，目的是取代當時常用的靴套和皮帶，改善車手和車子之間的連結。初代M71卡踏在1970年問世，比Look公司推出的卡式踏板還早了15年以上；M71的研發也推動了踏板製造技術的革新。M71踏板由鉻鍍鋼製成，配有鋁製卡鞋扣片，車手得壓下踏板後方的一根小桿子，才能抽出卡鞋。卡式踏板的構想是一大創新，雖然實務上，這種脫卡方式比較適合場地賽，而不是開放道路。的確，奇涅里本身是一位優秀的衝線手，因此非常清楚衝線手的需求。初代M71卡踏之後歷經四度改造，卡鞋扣片在1971年改為更耐用的塑膠，主結構用料也由鋼改成鋁合金。

Cinelli的
卡踏自行車，
1970

114上　當單車大師恩涅斯托·可納哥（Ernesto Colnago）遇上比利時冠軍車手艾迪·莫克斯（Eddy Merckx），可說是兩位完美主義者的相會。他們正在討論如何打造一款頂級競速車；1972年莫克斯就要騎著這輛車，到墨西哥市挑戰一小時場地紀錄。

114下　這輛協助莫克斯打破場地紀錄的自行車重量不到5.75公斤，能達到如此程度的輕量化，全靠鈦合金等特殊材料，以及對於包括把手在內每個細節的極度講究。

114-115　自行車的橘色下管上有這位比利時傳奇車手的名字。車架每個部分厚度不一，可納哥甚至在鍊條上鑽洞以減輕重量。

莫克斯的Colnago自行車：
打破一小時場地紀錄，
1972

在碳纖維技術還遙不可及的年代裡，車手莫克斯1972年打破一小時場地紀錄時，騎的竟然是一輛僅重5.75公斤的自行車，非常不可思議。這輛傑作的製造者名叫恩涅斯托・可納哥（Ernesto Colnago），是單車史上數一數二的大師，地位十分崇高，盛名遠播。可納哥來自坎比亞哥（Cambiago），他和莫克斯的合作關係，要從這位比利時傳奇車手加入莫爾塔尼（Molteni）車隊說起，當時車隊採用的正是Colnago自行車。兩人都在挑戰自行車的速度極限，可說是兩位完美主義者的相會。

莫克斯經常出入可納哥的工作室，可納哥估算自己專為莫克斯打造了100輛左右的自行車，莫克斯騎著其中最先進的一款，在1972年10月25日的墨西哥市打破歐勒・里特（Ole Ritter）的紀錄。這輛車足足花了200個小時製造，並使用各種特殊材料，130公釐的豎管就以鈦合金製成。當時鈦合金技術十分新穎，歐洲還沒有製造商可以處理，必須到美國底特律才能把這根豎管焊接到把手上。車架是鋼製，但為了盡可能減輕重量，車管和前叉的厚度都不一樣。大盤配備175公釐的曲柄。由於莫克斯對於細節的高度重視，這輛車更採用鑽了洞的鏈條，總重量因此減輕95公克。為了讓整體設計更符合空氣動力學，可納哥還在把手上鑽洞，車輪輻條也少於當時的一般款式：前輪28根，後輪32根。輻條材質是鈦合金，花鼓則是鈹合金。專為這款車量身打造的輪胎只有95公克重。考量到車手的舒適問題，塑膠座墊覆有一層很薄的麂皮。為了協助莫克斯打破紀錄，前後齒輪分別是52齒和14齒，等效輪徑（gear inch）99吋，亦即踩一圈踏板可行進7.89公尺。

莫克斯在同個賽季一舉拿下環義賽和環法賽冠軍，之後乘勝追擊，在墨西哥市騎出49.431公里的佳績，以755公尺之差，打破丹麥車手里特四年前在相同賽道上創下的紀錄。

116 照片上可以清楚看到，為了盡可能減輕車身重量，連把手上都鑽了洞。輻條由鈦合金製成，花鼓則使用鈹合金製造。

117 莫克斯正在墨西哥市的自由車場上騎著他的Colnago自行車，嘗試打破丹麥車手歐勒・里特（Ole Ritter）當時的一小時場地紀錄。莫克斯最後騎出49.431公里的佳績，以755公尺之差刷新紀錄。

118-119　為了減輕重量，52齒的齒盤上也鑽了洞，搭配14齒的後齒輪，等效輪徑99吋，亦即踩一圈踏板可行進7.89公尺。曲柄長175公釐，專為莫克斯的身型打造。

莫克斯的 De Rosa 自行車，1974

1972年底，莫克斯才剛在墨西哥市刷新一小時場地紀錄，隔年就成了莫爾塔尼車隊的一員，與新的技師兼正式供應商烏哥・德・羅沙（Ugo De Rosa）合作。來自米蘭的德・羅沙是車架製造商，擅長製造公路車，他與這位比利時冠軍車手的合作很快就開花結果。只要是機械相關的事情，莫克斯的要求都很高，有時會讓人覺得他善變又難搞。據說為了找出最理想的騎車姿勢，他會在大半夜起床，去檢查座墊及把手的尺寸和角度。還有一段影片拍到他1976年參加巴黎－盧貝大賽（Paris-Roubaix），中途停下自行車，用內六角扳手調整座墊高度，完全不顧接下來要花多少時間才能追上對手。

莫克斯和德・羅沙的合作在1974年達到巔峰，就在那一年，莫克斯接連稱霸環義賽、環法賽和環瑞賽（Tour of Switzerland），以及世界自由車公路錦標賽。莫克斯捷報頻傳、勢不可擋，無盡的求勝欲讓他獲得「食人魔」（The Cannibal）的外號。德・羅沙經常夜裡在工作室埋頭苦幹，只為了替莫克斯準備自行車，那段

時期還令他記憶猶新。1974年整個賽季，莫克斯用掉了約50輛自行車，環義賽期間光是一個星期就換了六輛車。德・羅沙位在庫沙諾米蘭尼諾（Cusano Milanino）的辦公室裡，有一面牆掛滿了莫克斯送給他的車衣，包括三件環義賽冠軍車衣，以及1974年世界自由車公路錦標賽的冠軍車衣。那年的自行車，車架用的是全球鋁合金零件製造商龍頭Reynolds公司的車管。車上搭配Campagnolo公司的Record六段變速零件組，輻條式車輪由法國公司Mavic提供，把手的部分零件和座墊則來自Cinelli公司。德・羅沙一直設法減輕某些零部件的重量，車身依舊只能勉強維持在10公斤以下。五通上的溝槽設計十分獨特，可以減輕重量，更能防止內部累積溼氣。1978年，莫克斯從自由車界引退，開始打造自己的競速車，兩人的合作關係告一段落。由於德・羅沙曾多日不眠不休，盡力達到莫克斯的要求，兩人早已成為好友，因此自然也為莫克斯的公司提供協助。

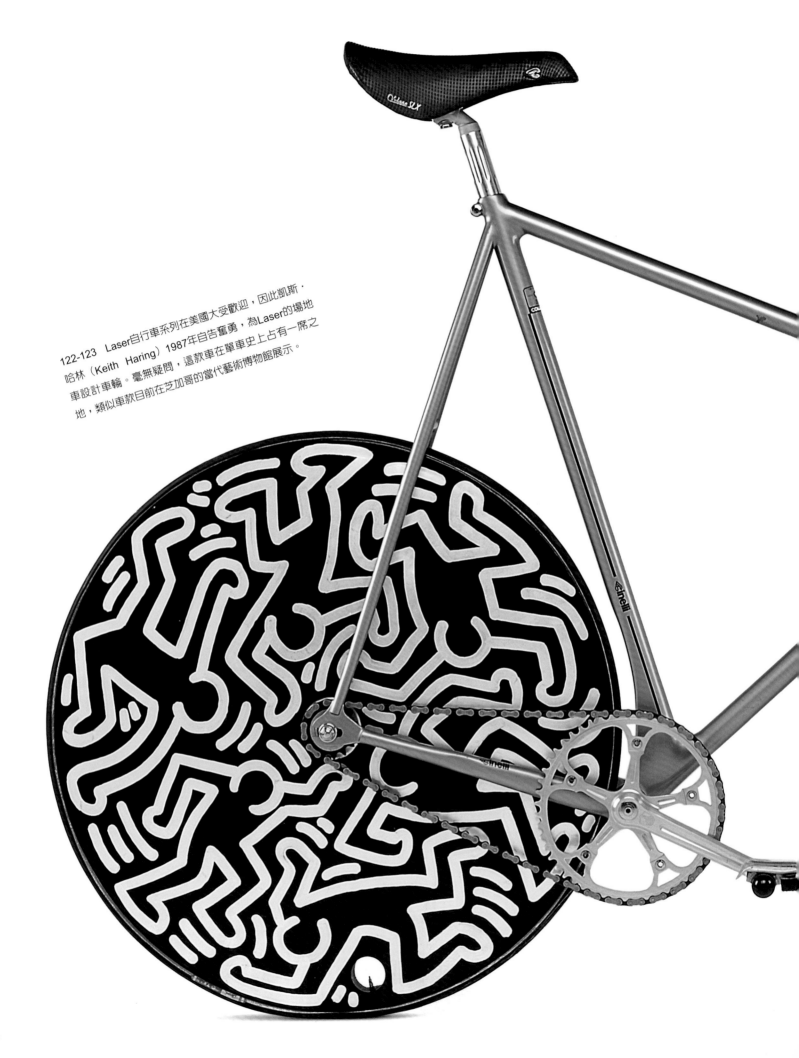

122-123 Laser自行車系列在美國大受歡迎,因此凱斯·
哈林(Keith Haring)1987年自告奮勇,為Laser的場地
車設計車輪。毫無疑問,這款車在單車史上占有一席之
地,類似車款目前在芝加哥的當代藝術博物館展示。

Cinelli公司的 Laser Pista自行車，1980

124-125　Laser系列包含公路車和場地車。圖中的
Rivoluzione　Pista自行車代表性十足，是數一數二
的創新車款，特色在於無座管和座桿設計，後三角
更加小巧。

125　Laser自行車配備無縫手工鋼製車架；當時對
於空氣動力學的相關研究，也開始反映在車身上。
碳纖碟輪是場地賽和計時賽用車的必要配備，也
裝設在Laser Nuova Evoluzione自行車上；這款車
1991年贏得義大利金羅盤設計大獎（Compasso
d'Oro）。

Cinelli公司的發展和可倫坡（Colombo）家族的管材公司Columbus密不可分。1978年，Columbus接管了Cinelli，Cinelli當時已是知名的自行車與零件廠商。Columbus公司的創辦人是安傑洛·可倫坡（Angelo Colombo），這筆交易由他兒子安東尼奧·可倫坡（Antonio Colombo）一手促成。把Cinelli納入旗下後，新老闆很明智地決定保留原公司對於品質與創新的堅持，隨後推出的Laser系列就是最佳證明。第一輛Laser原型車1981年問世，整個系列採用Columbus管材，車款包括公路車、場地車和計時賽用車。Laser的顯著特色在於騎乘位置十分創新，能大幅減少空氣阻力，符合空氣動力學原理的無縫車架設計，又進一步降低了風阻。精細的製作過程結合了最先進的碳纖維，這種材料當時只出現在場地賽和計時賽用車的碟輪上。Laser系列管材較細，外型美感十足，同時兼顧空氣動力學特性，因此備受關注，就連圈外人士都為之傾倒，知名藝術家凱斯·哈林（Keith Haring）甚至主動提供自己的作品，放在1987年推出的Laser Pista自行車碟輪上，這款車也因而名留車史。即使過了近30年，金屬藍的經典車架搭配哈林的設計，獨一無二的Laser Pista依然是Cinelli最具代表性的車款，公司至今仍視它為品牌驕傲，做為官網首圖。Laser Pista更進駐芝加哥的當代藝術博物館，證明這款車的價值遠遠超過一輛單純的競速車。

126 伯納德‧伊諾（Bernard Hinault）和葛列格‧勒蒙（Greg Lemond）攜手衝過環法賽第18分站的終點線；這個分站從布希昂松（Briançon）開始，結束在阿普度耶山（Alpe d'Huez）。伊諾贏得此次分站冠軍，但勒蒙總成績持續領先，保住黃衫。

126-127 用「革命」一詞來形容Look公司的KG86，一點也不誇張，因為這是首款採用碳纖維車架和PP65卡踏的自行車。卡踏的設計靈感來自Look公司生產的滑雪鞋。

Look公司的 KG86自行車，1986

1986年，KG86幫助葛列格·勒蒙（Greg Le-mond）拿下環法賽冠軍。這輛車標示著自行車發展的里程碑，不僅率先配備現在十分普遍的卡式踏板，更重要的是，KG86還首度採用全碳纖維車架。事實上，Look公司的PP65卡式踏板1984年初上市後，就受到法國傳奇車手伯納德·伊諾的青睞。伊諾為澄澈生活（La Vie Claire）車隊效力，在多項比賽及1985年環法賽中都使用PP65卡踏。卡踏的設計靈感來自滑雪鞋和滑雪板上的緊扣裝置；早在推出卡踏之前，Look公司已在位在法國納維爾（Nev-ers）的總部生產這類緊扣裝置。雖然推廣速度比預期的慢，但卡式踏板還是很快成為了標準配備，取代了傳統的金屬踏板與用來固定鞋子的皮製綁帶。

　　Look公司的另一項重要成就，是在1986年環法賽一開始推出KG86自行車，引入碳纖維車架。碳纖維複合管材由法國航太公司TVT供應，TVT的標誌也出現在伊諾和勒蒙的車上。Look打造車架時，使用鋁合金接頭連接克維拉纖維（Kevlar）和碳纖維車管。經航空和汽車產業證實，這些新材料與鋼和鋁比起來，在相同的重量下勁度更高。勒蒙在環法賽中領先隊友伊諾，拿下冠軍，宣示了碳纖維車架的成功。碳纖維當時確實是自由車界的尖端科技，不過很快就變得和卡式踏板一樣普及。第一輛KG86自行車配備Campagnolo公司的C-Record零件組，但1987年之後，Look改用當時的標準配備：七段變速Dura-Ace 7400零件組。

說起Lotus這個名字，一級方程式賽車迷絕對比自由車迷更熟悉。即使如此，Lotus公司還是憑藉著克里斯‧博德曼（Chris Boardman）和108自行車，在1992年的巴塞隆納奧運中打響知名度，因而留名單車史。這位英國自由車手不只騎著Lotus 108拿下四公里追逐賽的奧運金牌，更刷新世界紀錄。

Lotus 108的外型設計散發出強烈未來感，叫人眼睛為之一亮。受到F1賽車採用的航空科技啟發，設計師麥克‧布羅斯（Mike Burrows）構思出單體結構自行車架；在他設計的一系列自行車中，Lotus 108是最前衛的一款。1987年，儘管單體車架獲得英國自行車聯盟（British Cycling Federation）的支持，國際自由車總會（UCI）仍認定這種設計違反規則；不過禁令解除之後，經由專精於碳纖維技術的Lotus大力推動，單體結構自行車持續發展。Lotus利用英格蘭中部汽車工業研究協會（MIRA）的設備，進行了一連串全尺度風洞試驗，空氣動力部門主任理查‧希爾（Richard Hill）隨後針對單體車架，做了一些設計上的微調。Lotus 108的碳纖維車架和前叉採用俐落的超流線型設計，從踏板到鏈節的每個細節都專為減少空氣阻力而打造，就連Mavic公司的車輪也是為Lotus自行車量身定做，配備後碟輪和三根輻條的碳纖維前輪。車身加裝三鐵延伸把，方便車手向前延伸驅幹，這種騎乘姿勢常符合空氣動力學原理。

包括1991年的原型車在內，Lotus 108一共只生產了15輛，另外還賣出了八輛單價1萬5000歐元的複製品。目前有兩輛108自行車展示在Lotus位在諾里治（Norwich）附近海瑟爾（Hethel）的英國總部，而博德曼騎的那一輛則陳列在倫敦的設計博物館。

博德曼的 Lotus 108 自行車

128　圖為克里斯‧博德曼（Chris Boardman）騎著Lotus 108自行車，參加巴塞隆納奧運追逐賽。博德曼在1992年7月28日摘下金牌，在國際自由車賽史上留名。

128-129　博德曼所騎的Lotus 108複製品為數不多，圖為其中一輛。製造商Lotus公司在汽車界名聲更為響亮。Lotus 108的碳纖維車架由麥克‧布羅斯（Mike Burrows）設計，並由空氣動力學專家理查‧希爾（Richard Hill）協助改良。

奇波利尼的
Cannondale CAD3 自行車

130-131 馬利歐‧奇波利尼的Cannondale CAD3自行車採用鋁合金車架，毫無接頭或焊接的痕跡，配備碳纖維前叉和Shimano Dura-Ace九段變速零件組。車名中的CAD是電腦輔助設計的縮寫。

131 1997年的環法賽中，奇波利尼在一次關鍵加速後，衝過法爾濟萊索（Forges-les-Eaux）站終點線，奪得本站黃衫，直到第六站末段，才被對手超越。這位車手出身托斯卡尼，外號「超級馬利歐」或「獅子王」。

自由車近代史上最有名的衝線手或許就算馬利歐‧奇波利尼（Mario Cipollini）了，車上車下他都個性十足，名聲也因而更加遠播。奇波利尼外號「獅子王」或「超級馬利歐」，他在數不清的勝利之外，還總有辦法為自己製造更多話題。他戰績斐然，不僅拿下環義賽42個分站、環法賽12分站以及環西賽三站，還奪得一屆世界自由車公路錦標賽和2002年米蘭－聖雷莫大賽冠軍。

這位義大利衝線手大半生涯都騎著美製Cannondale自行車，為薩科（Saeco）車隊效力。1997年，奇波利尼騎著Cannondale CAD3鋁合金自行車，拿下五個環義賽分站，然後繼續在環法賽頭兩站拔得頭籌。CAD是電腦輔助設計（Computer Aided Design）的縮寫，航空工業和賽車產業大量採用，也逐漸在自由車界流行起來。-CAD3自行車獨樹一格，車架毫無接縫或焊接痕跡，裝載碳纖維前叉和Shimano Dura-Ace 7700九段變速零件組。由Spinergy公司提供的車輪也極具特色，配備四根碳纖維輻條，但當局認為，發生集體撞車事故時，這種車輪危險性很高，因而予以禁用。奇波利尼的這輛Cannondale自行車擁有眾多特點，黃色座墊帶有「獅子王」標誌並以紅藍兩色飾邊。

Cannondale公司早在1997年，就把公路車款上的CAD縮寫改為CAAD（Cannondale先進鋁合金設計，Cannondale Advanced Aluminum Design），但奇怪的是，競速車款卻仍保留早期的CAD縮寫。直到2001年底，奇波利尼本人仍騎著Cannondale自行車，以最高每小時70公里的速度，繼續在環義賽、環法賽和其他賽事中屢創佳績。

132　圖為1997年7月19日的環法賽。正在聖提田（Saint-Étienne）到阿普度耶山頂分站發動攻勢的，別無他人，正是馬可·潘塔尼（Marco Pantani）。「海盜」潘塔尼騎著他的Wilier Triestina自行車，氣勢凌人。兩天後，他在莫濟納（Morzine）再次完成同樣的壯舉。

133　潘塔尼1997年使用的自行車。車架特色在於鋁合金車管特別細窄，要不是這位義大利車手體格精瘦，根本無法駕馭。這款車配備Shimano Dura-Ace九段變速零件組。

潘塔尼的
Wilier Triestina，1997

　　馬可·潘塔尼（Marco Pantani）最偉大的一項事蹟，無疑是在1997環法賽阿普度耶山分站的勝利。「海盜」（Pirate）潘塔尼發起猛烈攻勢，把所有對手遠遠甩在後頭，包括最後贏得當年環法賽的楊·烏爾里希（Jan Ullrich）。潘塔尼當時騎的Triestina自行車由Wilier公司製造，這家公司1952年倒閉，1960年代在義大利羅沙諾威尼托（Rossano Veneto）重新開張。Triestina搭配紅藍雙色前叉，以及Easton公司的黃色鋁合金車架，車管特別薄，最薄處僅0.8公釐。潘塔尼之所以能駕馭，部分是因為他身材精瘦，可以使用更輕的配備。這位車手非常執著於減輕車身重量，甚至要求安裝鈦合金座桿；基於同樣理由，他在賽季期間以鋁合金取代了鋼製前叉。

　　Triestina設計輕盈，易於操控且反應靈敏，和潘塔尼是絕配，因為這位車手最為人稱道的就是傲人的上坡加速能力，常把所有對手甩在後頭。零部件方面，Triestina使用了Shimano Dura-Ace 7700零件組，是最早的九段變速傳動系統之一，比前一個版本輕500公克。黃色的克維拉纖維座墊由Selle Italia公司製造，花鼓同樣出自這家公司之手；前輪裝有32根超細輻條。Look公司出產的紅色踏板，再加上潘塔尼特別要求的紅色把手纏帶，就是這輛車的完整造型了。

　　潘塔尼在阿普度耶山的戰績輝煌，為之後的車手生涯拉開序幕。1998年，潘塔尼一舉拿下環義賽和環法賽冠軍（當時騎的是Bianchi自行車），從此一躍成名。

Colnago Ferrari 自行車

一般人可能不知道，自行車和賽車製造產業其實有頗多交集，不論義大利還是全世界都是如此。1986年，可納哥和恩佐·法拉利（Enzo Ferrari）在義大利馬拉涅羅（Maranello）第一次會面，兩人最後同意合作，並決定採用創新材料，比方說McLaren公司1981年引進F1賽車的碳纖維。眾所皆知，Colnago的直式前叉設計其實是採用法拉利技師的建議，更能應付顛簸的鵝卵石路面，這種路段在巴黎－盧貝大賽等賽事中十分常見。

Colnago Ferrari CF1自行車花了好幾年才設計出來，2000年推出時限量499輛，儘管價格和訂製款一樣高昂，但仍然銷售一空。這款車的主要特色在於大量採用碳纖維（不只是車架和前叉），以及紅黑相間的撞色效果。同樣配色的還有CF2自行車，這款車總共生產了999輛。CF1和CF2都安裝了Campagnolo公司的零件，上市時正值Ferrari公司的全盛時期，麥可·舒馬赫（Mi-chael Schumacher）當時在F1賽車中創下連勝紀錄。雖然也有其他賽車手透過自行車維持身材，但這位德國冠軍是率先在訓練時採用CF1自行車。更先進的CF3自行車2003年問世，同樣限量生產，總共749輛。之所以限量，不僅為了營造獨一無二的尊爵感，還因為打造單體結構碳纖維車架格外耗時，一天只能生產三輛。

除了1.2公斤的輕量車架，CF3也配備前所未見的五輻碳纖齒盤，此外碳纖維材質還廣泛用於變速器部分零件、花鼓、座桿、把手和水壺。與CF1和CF2相比，CF3最明顯的差別在於顏色，以黃色取代了法拉利紅；黃色是Ferrari品牌故鄉莫德納（Modena）的傳統代表色。Colnago Ferrari系列每年不斷推陳出新，包括新成員CF12登山車；與此同時，享譽全球的公路車款也升級到V1-R。

134 Ferrari公司和Colnago公司的合作，可追溯到1980年代中期，當年恩涅斯托·可納哥和恩佐·法拉利（Enzo Ferrari）首次會面。合夥後推出的首輛自行車就是1987年的Concept車款，圖為前叉部分。

135 Colnago Ferrari推出的Concept自行車專為場地賽設計，從單速設計可見一斑。直式前叉源自Ferrari技師的建議，而符合空氣動力學原理的三輻條輪圈非常引人注目。

136-137　照片是Concept自行車和Colnago車鞋的特寫。小巧的後齒輪顯示這款車潛力無窮；連鏈條都漆成了紅色。

138和139上　第一輛碳纖維CF2自行車的原型車。CF2僅限量生產999輛，全都在舒馬赫F1賽車生涯的巔峰時期製造。這位德國賽車手向來熱衷於使用自行車維持身材，選擇的就是Ferrari和Colnago兩家公司合作推出的自行車。CF2不只是車架和前叉採用碳纖維，就Ferrari打造的車輪都是碳纖維複合材料。和原型車一樣，所有CF2自行車都是紅黑雙色。

139下　CF2自行車把手紅黑相間，格調非凡。整個傳動系統都來自義大利公司Campagnolo，符合整輛車的義大利主題。Colnago和Ferrari繼續合作，產品不斷推陳出新。

140-141 2003年推出的Colnago Ferrari CF3只生產了749輛。黃色車架採用莫德納的傳統城市代表色，把CF3和前幾個版本區分開來，因為之前的車款都使用經典的法拉利紅。

Cannondale公司的
Supersix
Hi-Mod
自行車

Cannondale公司2009年推出Supersix Hi-Mod自行車時，率先採用電子零件組Shimano Dura-Ace Di2 7970，因此在歷史上占有一席之地。這款限量版自行車技術規格一流，價格自然不便宜。當年問市的Supersix Hi-Mod採用幾乎已是業界標準的碳纖維車架、Zipp公司的高框車輪、Fizik公司的Antares座墊，以及FSA公司的把手、龍頭與座桿。不過就如前面提到的，這款車最偉大的創新，在於引進了電子傳動系統。Shimano Di2零件組包含電池，只讓車身總重量增加68公克，換檔速度和精準度卻大幅提升。電子變速系統利用電子脈衝，控制鏈條在卡式飛輪和兩個前齒盤上的移動，這套系統的一大優勢，在於自動調節能力，不需要手動調整纜線。卡式飛輪基本上可以從11速變到27速。Mavic公司在1990年代推出多款電子零件組，但都以失敗告終；之後Shimano研發出Di2零件組，並在各種天氣下長時間測試，讓電子變速系統開始普及。Di2的鋰離子電池電壓7.4伏特，可騎乘1600到2000公里；需要充電時，LED警示燈會亮起，只需要90分鐘就可充飽電。Shimano公司1970年代在自由車界嶄露頭角，Di2正是這家日本公司締造傳奇地位的最後一步。當時自行車市場由Campagnolo獨占，Shimano成為這個義大利品牌的頭號勁敵，戰場一路從自由車場延燒到大眾市場。

142-143 Cannondale公司2009年推出的Supersix Hi-Mod外型亮眼，是史上第一批配備電子變速系統的自行車。圖中可看到，零件組電池就裝在車架的齒盤上方。

144　布萊德利‧威金斯2012年拿下環法賽冠軍時，沒有使用Pinarello公司最新款的Dogma　65.1自行車，而選擇了Dogma 2。畢竟Dogma 2的性能在之前的比賽中經過全面檢驗，他比較能信賴這款車。

威金斯的Pinarello
Dogma 2自行車，2012

天空車隊（Team Sky）是由同名廣播集團贊助的職業公路車隊。2011年拿下環法賽和環西賽的多個分站賽，瞬間成為目光焦點。2012年，布萊德利·威金斯奪得小環法賽（Critérium du Dauphiné）冠軍，但這只是天空車隊在拿下環法賽冠軍以前小試身手。威金斯和克里斯·弗路姆（Chris Froome）騎著Pinarello自行車，分別以第一和第二名的成績，帶領這支英國車隊稱霸環法賽，威金斯更成為第一位在環法賽中鍍金的英國人。除了最後一個分站，他在法國參賽時都騎Dogma 2，這是因為他還來不及測試更新、更輕的Dogma 65.1。Dogma系列在21世紀初問世時，使用鎂合金車架，近期才換成碳纖維。2013年上市的Dogma 2刻意設計成不對稱的車架，以左右相異的結構平衡踩踏力道不等，造成的傳動系統受力不均。前叉、後下叉、後上叉的形狀都符合空氣動力學原理，能降低空氣阻力。電子零件組採用Shimano Dura-Ace Di2，使用10段而非11段變速，也是因為威金斯來不及測試11速系統。他以橢圓形齒盤平衡車手的踩踏力道，藉此提升效率；天空車隊進一步在車上加裝Shimano高框碳纖輪圈，以及Fizik公司的Arione座墊。但不久之後，Dogma 65.1完全取代了Dogma 2，帶領弗路姆在下一季的環法賽光榮獲勝，讓這支英國車隊在法國二度奪冠。

144-145　Dogma 65.1車身是環法賽的代表色黃色，彎曲的前叉設計，可讓風阻降到最低。不對稱的車架造型則能平衡車手的力量，還裝上Shimano的高框車輪。

Specialized公司的 S-Works McLaren Tarmac 自行車

146 McLaren Tarmac自行車的曲柄材質比車身更輕。橘色是McLaren公司的代表色,也用在他們推出的第一批賽車上。

147 圖為前輪的特寫,兩個Roval超輕碳纖車輪加起來不到150公克。McLaren Tarmac自行車總共只生產250輛。

Specialized公司和致力於使用頂級技術的車商Mc-Laren合作,打造出一款非常特別的自行車:S-Works McLaren Tarmac。2014年限量上市時,僅生產250輛,每輛售價超過2萬3000美元。由公司從已支付大約6000美元訂金的顧客中,挑選250位幸運買家,除了自行車以外,他們還會收到和車架一樣是黑橘雙色的安全帽和車鞋。橘色原本是紐西蘭賽車的代表色,1960年代晚期,剛成立不久的McLaren公司在的一級方程式賽車中借用這個顏色。McLaren如今躍升為一家全方位的公司,與Specialized攜手挑戰現代科技的極限。S-Works McLaren Tarmac自行車的車架和前叉都在沃金(Woking)車廠製造;這家車廠還出產限量版P1 coupé油電混合汽車,每輛售價約120萬美元。為了追求完美,S-Works McLaren Tarmac的每個小細節都經過分析微調,還做過風洞測試,降低車子本身和車手需克服的風阻。McLaren公司在碳纖維技術方面經驗豐富,可視車架和前叉大小,減輕9%到11%的重量;至於車架和前叉的尺寸,則取決於買家的身型。曲柄與把手和車架一樣採用複合材料,比原版S-Works Tarmac的零件更輕。Roval公司的超輕碳纖車輪總重1150公克,輕了30公克有一部分是因為前輻條從18根減少到16根,後輻條也從24減少為21根,但有多附一對訓練輪。S-Works McLaren Tarmac採用Shimano Dura-Ace Di2的11段電子變速系統,後輪變速有11到28段。每輛附贈個人銘牌和品牌認證書。

148-149　圖為McLaren版的Specialized S-Works
Tarmac自行車，攝於位在沃金的總部。左方是
M12C coupé賽車，右方則是公司創始人布魯斯·
麥克拉倫（Bruce McLaren）打造的第一代賽車。

150 一身黃的文森佐·尼巴里（Vincenzo Nibali）在2014年環法賽大放異彩。照片裡的自行車黑黃相間，專為進入巴黎的最後一站打造，象徵「鯊魚哥」（尼巴里的外號）的勝利。

150-151 尼巴里2014年騎的自行車比舊款更輕、更堅固。貼標的造型是鯊魚牙齒、眼睛和鰓裂，一眼就可以認出這是尼巴里專屬的S-Works Tarmac，曾隨這位西西里車手征戰環法賽等賽事。

尼巴里環法賽專用車：Specialized公司的 S-Works自行車，2014

在2014年奪得環法賽冠軍的文森佐・尼巴里，是來自西西里的明星車手，外號「鯊魚哥」，怪不得他的Specialized S-Works Tarmac競速車有鯊魚嘴巴、牙齒和眼睛的設計，還有三叉戟圖案，象徵他在2013年雙海賽（Tirreno-Adriatico）的勝利。2014年版「騎士優先科技」（Rider-First Engineered）車架比前一代Tarmac SL4系列更輕、更堅固，車身的藍色烤漆還帶有金屬顆粒，在陽光下閃閃發光。尼巴里配合自己的身高，選用約57公分的碳纖車架，車上裝了Specialized公司的碳纖曲柄組和Look公司板身較寬、使用鈦合金軸心的Blade 2踏板。S-Works Tarmac採用Campagnolo公司2014年推出的Super Record 11零件組，尼巴里選擇以手動而非電動方式來控制變速系統。車身搭配FSA公司的SL-K碳纖把手，豎管是鋁合金材質。毋庸置疑，車輪也是很重要的零件，32公分碳纖Viva S輪圈由Corima公司生產，兩個輪子加起來僅重1.19公斤，外層包覆Specialized公司的管狀輪胎。Corima公司也提供以特殊複合材料製成的紅色煞車皮。尼巴里跟很多選手一樣，使用SRM功率計監控行進間的動力輸出等訓練和比賽數據。為了確保騎乘的舒適度，尼巴里選擇Fizik公司的Antares座墊，裝在輕盈的抗震碳纖座桿上。

手工自行車

以熱情打造的手工自行車

　　專業車匠的手藝往往一眼就能看得出來。打造手工自行車需要投注大量時間研究、設計，付出許多精力，還必須對每個細節「吹毛求疵」，為每個車手量身訂製。但是除了這些獨一無二的訂製車，按照標準配備打造的自行車，也會因顧客需求而有差異，每一輛看起來都很不一樣。位在米蘭的Sartoria　Cicli公司或許最能代表這種精神，他們像訂製西裝一樣，讓顧客依據個人偏好選擇材料與零件。基於這項理念，Sartoria Cicli甚至推出用花紋布料包覆車架管的Vestita系列車款。

　　自行車匠至今發想出各式各樣的車，例如安塔・薩萊（Antal　Szalay）設計的Ve-loboo　Gold自行車，不但以竹子打造車架，幾乎所有金屬部位都以金箔包覆。這款自行車比較像奢侈品，30位幸運買家應該都不會真的把它騎出門，更別說拿來鍛鍊了。其他車匠也想出既創新又真的會拿來騎的車款，例如楊・古納維格（Jan Gunneweg）設計的木製車架自行車就非常實用，可說是永續交通工具的典範，在他的母國荷蘭的

公共自行車計畫中屢被使用。有時候車匠會設計出近乎概念車的作品，這種作品和概念車的差別，有時就只在於是否能上市和騎上路。在捷克打造的B-9 NH自行車就是一例，這款車外型充滿未來感，靈感源自雷達無法偵測到的F-117亞音速戰鬥機。

　　車匠創意無限，客戶有時甚至比他們更有想像力，可以提供許多靈感。最常見的做法是運用尖端材料與零件，重新設計經典車款，像古早的外送自行車就因此再度盛行。想要的話，甚至可以訂做舊貨小販騎的，那種有兩個前輪和一個大車籃的載貨三輪車。

　　然而，訂製車不只是為了外型而已，競速車或高科技自行車愛好者也可以大膽想像，只要口袋夠深，就能做出量身打造的車款。Machine For Riding自行車（詳見後文介紹）純粹的美感，展現出自行車工匠的潛力。無論量產技術有多進步，他們的專業眼光依舊無可取代。光是能夠滿足客戶稀奇古怪的要求，就足以確保車匠未來無虞，甚至是一片光明。

楊‧古納維格是來自荷蘭阿克馬（Alkmaar）的年輕設計師，擅長運用天然材料。2012年，他為了實現製作木製自行車的夢想而成立公司。Bough自行車是他最新設計的車款，目前已上市販售，在美國也買得到。Bough自行車在原產地荷蘭非常有名，許多公共自行車計畫中都看得到。這款車以橡木製成，木材來自法國侏羅區（Jura），符合生態永續原則。車架設計乾淨俐落、現代感十足，前側的小貨架與擋泥板當然也是木製。自行車配備皮帶驅動的SRAM兩段式自動變速系統，後方裝設停車架，無論在市區或郊區，隨時都能輕鬆停車。28吋車輪外包覆Schwalbe公司的耐用輪胎，顏色接近木材。但不是每個人都買得起Bough自行車，在美國一輛要價2000美元，不過，這款車非常費工，因此這個價位還算合理。古納維格也說，選擇木製自行車可以展現注重環保的決心。除了Bough城市車，古納維格還設計了Race Fiets競速車、Houten Fiets混合動力自行車，甚至是木頭鏡框的太陽眼鏡！古納維格最具代表性的作品是Human自行車，這款車外型傳統，車架與輪子都由木頭製成。一根較大的木製輻條連接到花鼓，其他則是金屬材質。

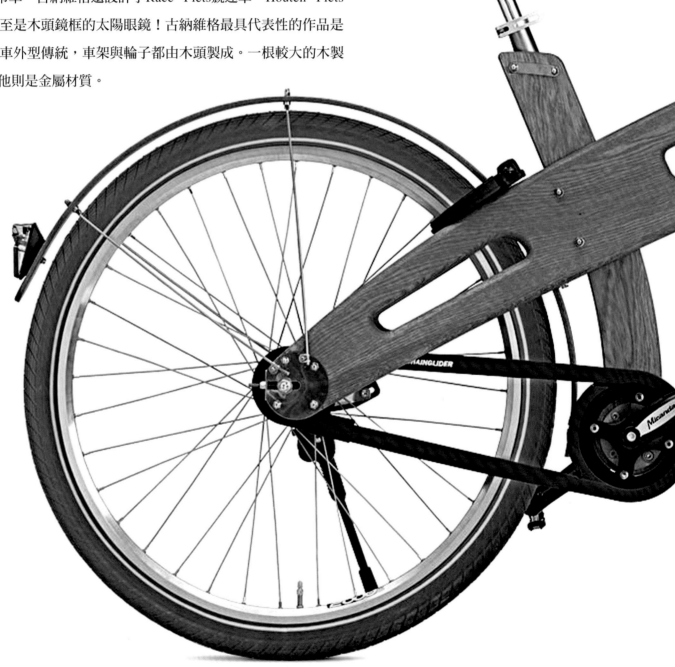

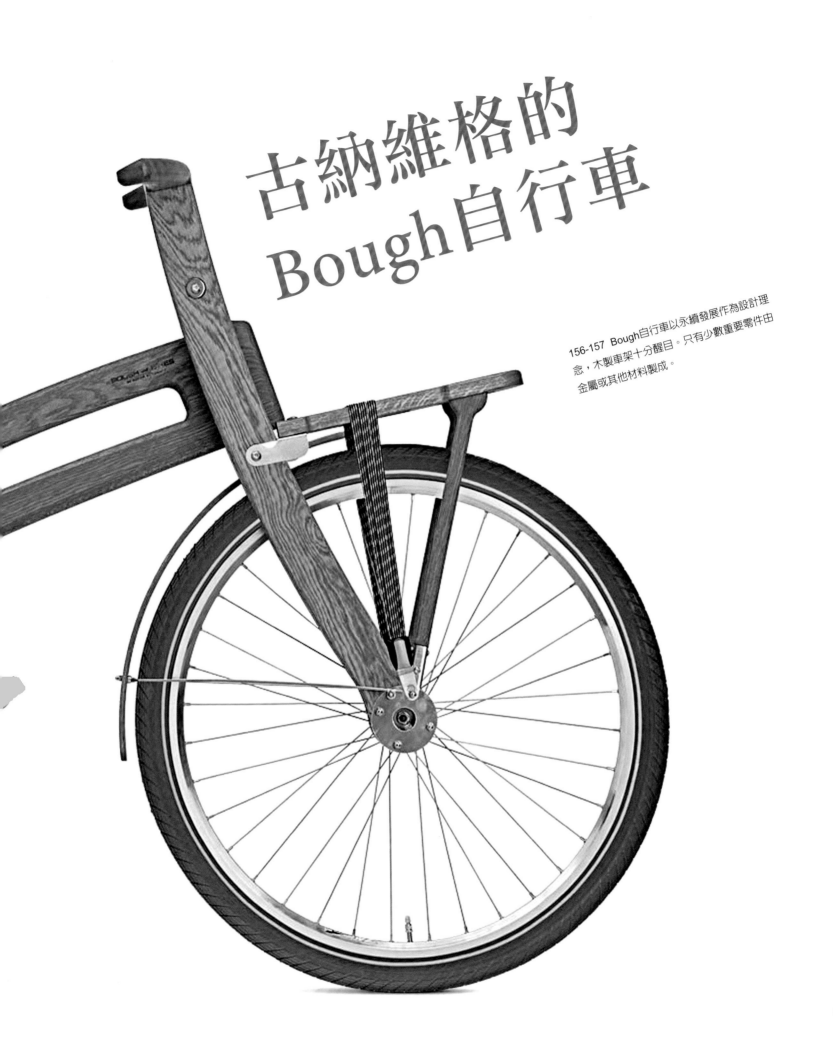

古納維格的
Bough自行車

156-157　Bough自行車以永續發展作為設計理念，木製車架十分醒目。只有少數重要零件由金屬或其他材料製成。

BME Design公司的
B-9 NH黑色款

158-159和159 B-9 NH黑色款的車身如夜晚般漆黑,是一款都會「隱形車」,外型類似Lockheed公司的F-117夜鷹戰鬥機。車架、前叉、把手及曲柄組等主要部位的設計,都模仿這架稜角分明的戰鬥機。

160和161 BME公司的B-9 NH自行車呈現絕佳的設計感、獨創性、熱情與優雅。黑色限定款一共只生產100輛。

BME公司的B-9 NH自行車車身漆黑如夜，靈感來自F-117夜鷹戰鬥機。夜鷹戰機可避開雷達偵測，以伊拉克戰爭中突出的夜襲能力而聞名。這款自行車的外觀與Lockheed公司的隱形戰機十分相似，車架稜角分明，與F-117戰機相仿。B-9 NH自行車以手工打造，車架和一體成形的把手與豎管都由碳纖維製成，前叉與座墊也是，輕量的座墊改良自公司口碑極佳的BME S72座墊組。CNC公司的航太等級鋁合金曲柄也經過特別設計，以配合這款車的整體造型。B-9 NH外型搶眼，不管哪個角度都令人驚嘆，

反映BME公司任一車款製作過程都一絲不苟。傳動系統亦別具特色，由皮帶連接前齒盤與後鏈輪。配備輻條式高框車輪，前後碟煞是整輛車少數的金屬部件。位在斯洛伐克首都布拉提斯拉瓦（Bratislava）的BME Design公司，生產每輛車都經過非常嚴格的材料壓力測試，以製作方法和研究創新材料技術而聞名。實驗性車款X-9是B-9的前身，車架採夾芯板結構，核心材料是芳綸蜂巢，外層包覆碳纖維。有趣的是，BME也曾推出一系列車架以竹單板層積材製作的自行車。

Rusby Cycles公司的 Jake's Town 自行車

傑克‧拉斯比（Jake Rusby）是英國首屈一指的訂製車工匠，在倫敦創立了Rusby Cycles公司。他把每輛訂製車都想成是與顧客合作，依照特殊需要和體格量身打造，並以此為傲。拉斯比的車架都以手工製作，使用Reynolds與Columbus公司的鋼管。最終組裝成車架前，依循特殊步驟手工上色，讓成品更漂亮，完美呈現塗料色澤。還可用特殊的塑膠模板，為顧客加上客製化的字樣。Jake's Town是專為倫敦設計的都會車款，騎起來靈巧舒適，路面凹凸不平或偶遇坑洞也不成問題。煞車線藏在車架中，外觀洗鍊俐落。把手走運動風，但跟傳統的競速車不一樣。座墊不至於過小，坐起來恰到好處。有鑑於倫敦多雨，擋泥板不可或缺，拉斯比把擋泥板盡可能縮到最小，自然地融入整體造型。由於透過碳纖維帶傳送動力，較不需要保養，齒輪數目也不用那麼多，相當符合Jake's Town的城市車款設計理念。Mavic零件製造商生產的車輪，則採傳統的輻條式設計。

162-163　從Jake's Town（傑克小鎮）的車名就知道，這款車是為了都市生活設計，配備單速系統和舒適的座墊，還有上色精細的鋼製車架。

164　把手雖走運動風，卻不落俗套，外型與全車的極簡風格一致。煞車線內藏的設計，更增添俐落感。

165上　豎管與前叉展現管材以及車架接合處的細緻作工。專為英國的氣候設計，因此裝有非常薄的擋泥板。

165下　圖為碳纖齒狀皮帶的特寫：Jake's Town捨棄傳統式鏈條，降低保養需求。輻條式車輪由零部件製造商Mavic公司提供。

安塔・薩萊的
Veloboo Gold
自行車

166-167　Veloboo Gold自行車雖然能騎上路，但比起代步工具，更像是奢侈品。幾乎所有金屬部位都包覆24K金箔，是一輛金光閃閃的高價自行車。

168上　這款自行車不只鍍金的部位講究材料、注重細節，手工縫製的皮革握把也十分精美，座墊與踏板綁帶採用相同的皮革。

168左下　從前煞車的特寫可以看出，這輛車已經盡可能使用金箔包覆，就連前叉和車輪也不例外，似乎只有煞車片的接觸面沒有覆蓋金箔。

168右下　連後煞車卡鉗都鍍金。設計師安塔・薩萊說，每個零件都很耐用，可以應付各種天氣。

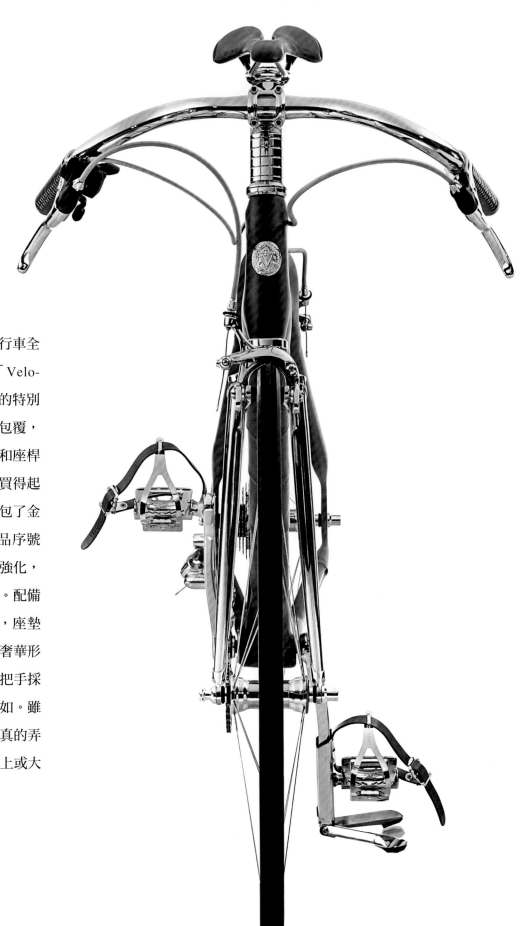

匈牙利人安塔・薩萊設計的Veloboo Gold自行車全程手工製作，全球限量30輛，非常稀有。車名「Veloboo」暗示了車架由竹子（bamboo）製成，但它的特別之處不只如此。幾乎所有金屬部位都以24K金箔包覆，只有齒輪部分零件、踏板、煞車片接觸面、輻條和座桿例外，就連曲柄也包著金箔，想當然不是一般人買得起的。Veloboo Gold要價5萬2500美元，部分零件包了金箔，就算保護不周也能用很久。車架上標示產品序號的銘牌自然也是黃金打造。車架的竹材經過摺疊強化，不易彎折，整輛車加上金箔，還是不超過10公斤。配備Campagnolo公司的十段變速零件組與單一齒盤，座墊與握把以上等皮革手工縫製而成，更加突顯它的奢華形象。不過，Veloboo Gold也很適合真的騎上路，把手採傳統設計，只要不怕劫車，也能在城市中穿梭自如。雖然薩萊保證風雨不會傷到金箔等貴重零件，如果真的弄到一輛Veloboo Gold，光是想像在溼漉漉的街道上或大雨中騎乘，心臟就會受不了。

169　　無論從哪個角度檢視，Veloboo Gold自行車都具有獨特的魅力，就連正面也是。限量生產的30輛Veloboo Gold，每輛都附上同樣是黃金做成的銘牌。

170　圖為Copenhagen自行車上的Vuelo　Velo商標。Vuelo Velo公司總部位在澳洲雪梨，創辦人馬汀·倫維克（Martin Renwick）是前任自由車手，目前全力研發採直覺性設計的電動自行車。

170-171　弧形的鈦合金車架是Copenhagen自行車最匠心獨具的設計，而且車架不到1.3公斤重，非常輕巧。

Vuelo Velo公司
Copenhagen
自行車

澳洲的Vuelo Velo公司總部位在雪梨，老闆馬汀‧倫維克曾是自由車手，致力於創新，持續研發更輕的車款。旗下的Vuelo 8競速車採用不到1.095公斤重的鈦合金車架，因此全車重量僅6.3公斤。Copenhagen通勤用自行車是公司另一個重點產品，還未上市就成為美國自行車展的焦點。弧形的鈦合金車架令人過目難忘，符合倫維克追求視覺衝擊的設計理念。弧形設計是為了提升抗扭強度，同時把重量控制在1.3公斤。其他特色包括提升橫向勁度的雙後下叉設計，以及臂長各異的桁架前叉。碳纖車輪、變速系統與前花鼓都是德國製造，分別來自Schwarzbrenner公司、Rohloff Speedhub公司及Tune公司。動力透過Gates公司的齒狀皮帶，從踏板傳送到後鏈輪，因此沒有一般鏈條需要上油的缺點。把手上有變速器控制器，換擋選擇非常多，Rohloff公司宣稱最高和最低檔位的齒比差高達526%。再加上兩個Hope公司的碟煞與Tune公司的把手桿，Copenhagen就組裝完成。

172 圖為前碟煞的特寫。鈦合金前叉臂在車架上部分岔，是很獨特的原創設計。

173 圖中的雙後下叉專為提升橫向勁度而設計。

174-175　這款自行車配備後碟煞、Rohloff公司的 14 段變速系統，以及 Gates公司的皮帶。

Sartoria Cicli公司的
Forbici d'Oro自行車

176-177　兼顧時尚與傳統，是Forbici d'Oro自行車的特點，還可依顧客要求量身訂做。Sartoria Cicli公司把每一輛自行車都視為一套訂製西裝。

178-179和179　圖中可以清楚看到，Sartoria Cicli公司十分講究細節，除了大量利用原創零件，也提供從基本的鍍鉻到鍍金等電鍍選擇。

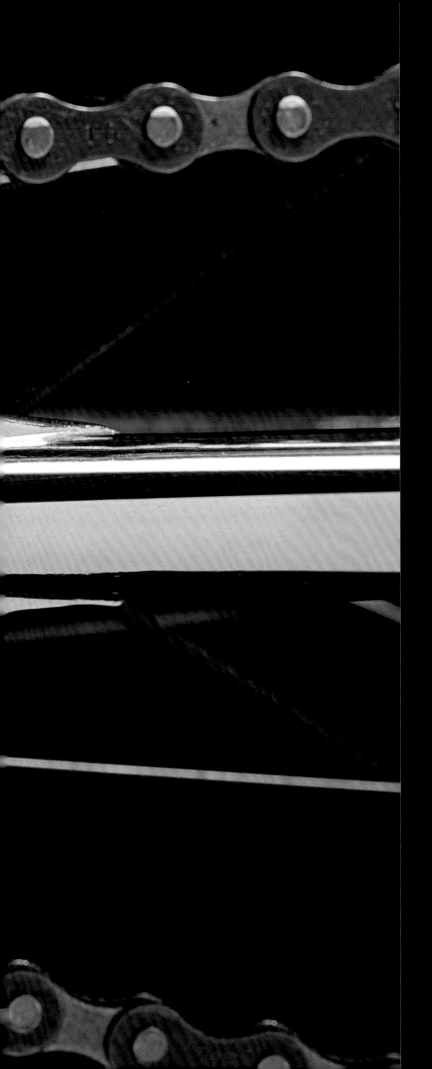

　　米蘭的Sartoria Cicli工作室的經營哲學是：每一輛自行車都是一件訂製西裝。這間公司提供罕見的服務，以一隻握把是車輪的剪刀作為商標。踏入Sartoria Cicli，彷彿來到傳統西服店，得先量全身尺寸，接著與設計師討論個人偏好，待雙方交換想法後才會完成最終設計。接著要挑選車架材料並確定規格，再花上大約三個月才能製作完成，反映出公司極度重視細節。Sartoria Cicli同時使用復古與最新的零件，確保成品擁有最高品質，車種類型豐富多樣，有極簡或經典造型的城市車、場地車和競速車可供選擇Forbi-ci d'Oro（又稱「金剪刀」）系列是Sartoria Cicli的頂級車款，號稱非職業競速車中，品質及訂做彈性最高的一款。大量運用1960到70年代的再生零件，可選擇搭配Campag-nolo公司的零件組，以及Cinelli公司或3T公司的把手。也可提出各種客製化要求，例如在車上鍍鉻、鍍金、加上標語或圖樣等等，目標是打造出奢華且優質的自行車。For-bici d'Oro系列包含兩種車型：SC001場地車和SC002競速車。Sartoria Cicli公司也有推出其他經典車系，不僅車架尺寸，整輛車都可以為顧客量身打造。例如Vestita系列就以花紋布料包覆特殊車架，還可以在羊毛、喀什米爾羊毛、羊毛氈等布料中做選擇，搭配經典的威爾斯格紋、蘇格蘭紋等基本花紋。

Ultracicli公司的
Porteur自行車

自從艾杜阿多・比安奇創立自行車品牌Bianchi，許多滿腔熱血的工匠都在米蘭發跡，有些還成為產業巨頭。Ultracicli公司的故事，始於兩位同名自行車愛好者相遇的那一刻。馬可・杜納提（Marco Donati）是通訊專家，馬可・馬特利（Marco Martelli）則是建築設計師。兩人通力合作，在米蘭市中心開了一間自行車精品店。2011年，他們在義大利的皮耶特拉桑塔（Pietrasanta）小鎮推出第一批車款。以手工打造樣式獨特的自行車，有些還是限量款。現代設計中帶有明顯的復古氣息，精美到幾乎可以歸類為設計師精品，但他們也有注意不要讓零售價位超出市場行情，平均售價維持在1750美元上下。Ultracicli公司的標語「手工製作的現代自行車」，可以套用到旗下所有車款。公司有時也會從顧客身上汲取靈感，例如他們曾為知名軍火商設計一款雙上管自行車Doppietta（意指「雙管獵槍」）。Ultracicli公司的設計都帶點運動風，也推出了Speciali競速車系列。所有車款中，最匠心獨具的非Porteur莫屬，車身前後各有一個載貨架，靈感來自麵包店送貨小弟騎的自行車。傳統的送貨車相當笨重，但Porteur採用Colombus公司的鉻鉬管材，減輕至少20公斤。純白車架設計簡單，以復古皮座墊搭配握把和輪胎。

180-181　Porteur自行車的造型，取自直到1960年代都還在使用的麵包店送貨車。因為採用Colombus公司的鋼管，車身重量比送貨車輕許多。

Italia Veloce公司的
Magnifica自行車

182-183　Magnifica自行車是Italia Veloce公司主打的產品。車架有黑色、雪白色或銅色（如圖）三種選擇。線條優雅，沒有外露的纜線。

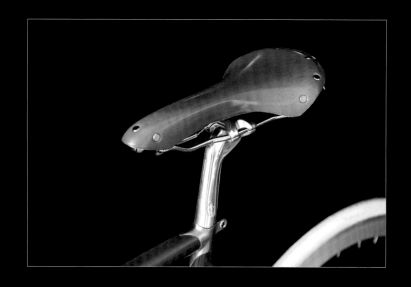

184左上 Magnifica自行車使用蜜色的Brooks座墊，同樣可以客
製化，唯一的顧慮是挑選與整體風格一致的配件。

184右上和184下 特殊的雙臂前叉是Italia Veloce的正字標記。
車架以Columbus鋼管仔細焊接而成，後煞車則是腳煞設計。

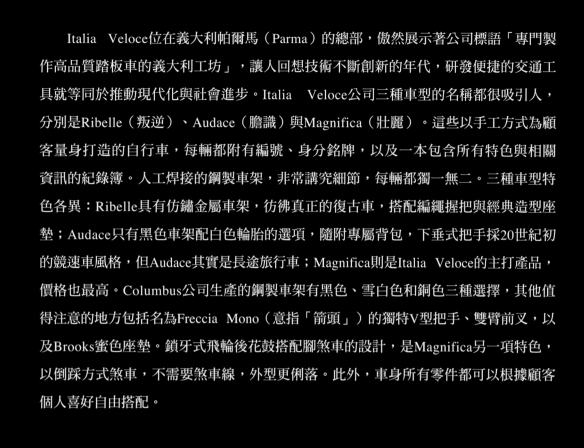

Italia　Veloce位在義大利帕爾馬（Parma）的總部，傲然展示著公司標語「專門製作高品質踏板車的義大利工坊」，讓人回想技術不斷創新的年代，研發便捷的交通工具就等同於推動現代化與社會進步。Italia　Veloce公司三種車型的名稱都很吸引人，分別是Ribelle（叛逆）、Audace（膽識）與Magnifica（壯麗）。這些以手工方式為顧客量身打造的自行車，每輛都附有編號、身分銘牌，以及一本包含所有特色與相關資訊的紀錄簿。人工焊接的鋼製車架，非常講究細節，每輛都獨一無二。三種車型特色各異：Ribelle具有仿鏽金屬車架，彷彿真正的復古車，搭配編繩握把與經典造型座墊；Audace只有黑色車架配白色輪胎的選項，隨附專屬背包，下垂式把手採20世紀初的競速車風格，但Audace其實是長途旅行車；Magnifica則是Italia　Veloce的主打產品，價格也最高。Columbus公司生產的鋼製車架有黑色、雪白色和銅色三種選擇，其他值得注意的地方包括名為Freccia　Mono（意指「箭頭」）的獨特V型把手、雙臂前叉，以及Brooks蜜色座墊。鎖牙式飛輪後花鼓搭配腳煞車的設計，是Magnifica另一項特色，以倒踩方式煞車，不需要煞車線，外型更俐落。此外，車身所有零件都可以根據顧客個人喜好自由搭配。

184-185　Magnifica自行車另一個特色，是名叫Freccia　Mono的V型把手。去除握把與煞車桿的設計，造就這款單速車的極簡外型。

Vandeyk公司的 Machine For Riding 自行車

186-187　圖中閃耀著藍色光芒的Machine For Riding自行車，是一款卓越的公路車。在一級方程式賽車工程師的指導下，碳纖維車架以手工製成。

188左　從正面可以清楚看到這款車的前叉，同樣由ENVE Composites公司製造。在司徒加特製造的Vandeyk車架使用特殊水性塗料，呈現獨特色澤。

188右　Machine For Riding的花鼓與車頭碗組來自Chris King公司，把手則來自ENVE　Composites公司，與車體完美搭配。全車主要採用複合材料和碳纖維。

189　Vandeyk公司的自行車即使從背面看，也不乏時尚。高壓熱成形的車架由ax-lightness公司在德國生產，非常輕盈，中型Vandeyk車架只有870公克重。

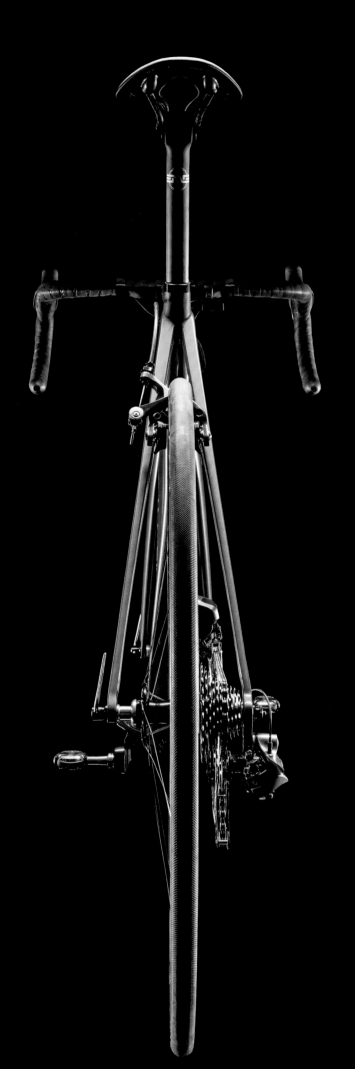

Vandeyk現代自行車公司成立於2010年，位在德國司徒加特（Stuttgart），也就是保時捷與賓士等汽車大廠的發源地。公司創辦人阿倫特‧凡‧戴克（Arendt van Deyk）成立這家自行車精品公司以前，是一位自由車手。Vandeyk自行車全都是手工製作，非常注重美學與機能，推出包括採用Columbus公司不鏽鋼管材的車款，以及首度使用複合材料車架的Machine For Riding最新車款。為了設計並製作這種車架，凡‧戴克與一級方程式賽車工程師拉爾夫‧布蘭德（Ralf Brand）合作，因為從1980年代起，複合材料就大量應用在賽車場上。凡‧戴克與他的團隊決定以極簡風格作為設計基礎。車架由擅長使用碳纖維與複合材料的巴伐利亞公司ax-lightness製造，中型車架僅重870公克，漆有Machine For Riding系列專屬的藍色塗料。這款車在設計與製作上不計成本，只選用最高品質的零件，售價1萬2800美元。採用Shimano公司最新的11速Dura-Ace Di2電子變速零件組，複合材質的前叉、輪圈、把手和座桿由ENVE Composites公司生產，座墊則來自Fizik公司。有鑑於Vandeyk公司的背景，必須使用德國馬牌輪胎，至少輪胎還算全車最容易更換的零件。

190-191　圖為Machine For Riding的曲柄組仰視圖。這款自行車配備
Shimano的11速Dura-Ace Di2電子變速零件組。

概念自行車

拓展極限

    自行車的未來無可限量。技術受限，但設計師想像力無窮，持續不斷地想出有趣的設計。事實上，某款自行車是否能在數月或數年後正式推出，大多從原型車就能看出端倪，當然也有例外情況。從原型車到大量生產會考量到設計的可行性、生產方式的發展、使用到的新材料，以及向來都會顧慮到的收支平衡等因素。下文介紹的概念自行車就是很好的例子，本章搜羅許多好點子、即將大量生產的車款，以及將會開啓新領域和發展契機的技術。業界人才輩出，創意十足的年輕工程師吉昂盧卡・沙達（Gianluca Sada）成功設計出無輻條車輪，用在他的概念摺疊車上。充滿想像力的設計師歐瑪・薩吉夫（Omer Sagiv）活用塑膠材質，充分利用回收材料，讓自行車回歸最純粹的樣貌。薩吉夫的Luna自行車充分體現3D列印的無限可能，隨時隨地都可印

製零件，無需考慮倉儲和物流問題，不只自行車，所有商品的生產方式都可能因此改變。有了3D列印技術，廠商就可以依照需求，生產數量準確的自行車，降低成本，進而壓低最終售價。

設計過程在未來也會扮演要角，例如寶獅公司就把一項概念自行車計畫交給汽車設計師，因而催生出B1K自行車，不僅造型獨特，傳動系統也相當新穎。同樣由寶獅公司生產的DL122城市車較為實用，方便單車族攜帶公事包，就算包包裡放了筆記型電腦，機動性也絲毫不減。

許多設計作品也有機會受到大公司青睞，例如Denny自行車就由富士公司（Fuji）大量生產。Denny自行車許多創新設計包括電動輔助踏板、LED車燈，以及可拆式獨立充電電池。觀察山葉公司（Yamaha）等全球知名大廠的車款，電動輔助自行車將來肯定會有突破性的進步。總而言之，將來的發展絕對值得期待。

Sada自行車

年輕的工程師沙達想打造出大小適中的摺疊車，最後研發出一輛劃時代的自行車，無輻條車輪不但好騎，搬運起來也不會太重，摺疊後便能帶上大眾交通工具。然而直到2014年底，Sada自行車仍處在原型階段，還在等待工業化量產。採用鋁合金車架，所以全車總重不到10公斤，雖然也可以用碳纖維，缺點是生產成本可能會大幅提高。無輻條車輪藉由齒輪系統固定在車架上，可以自由轉動。每個輪子有三個齒輪，鏈條接到後輪最大的固定用齒輪。66公分的輪圈經過勁度測試，騎在崎嶇的路面也不成問題。摺疊步驟十分簡單，只要把輪子從車架上拆下，再藉由特殊的快拆鉸鏈摺起即可。車架和兩個車輪都可收進特製的流線型背包，背包僅與車輪一樣寬。只要把兩個輪子分開放，理論上就可以當作拉桿包使用，還能收納車架以外的物品。由於車架一體成型，目前最大的問題是車體過重和價位過高。接下來的挑戰，就是讓Sada自行車在各方面變得更親民。

196和197 Sada自行車的無輻條車輪十分引人注目。年輕的義大利設計師創造出的這款車，具有大量生產的潛力，有利於降低單位成本。為了減輕重量，全車幾乎都是鋁合金材質。

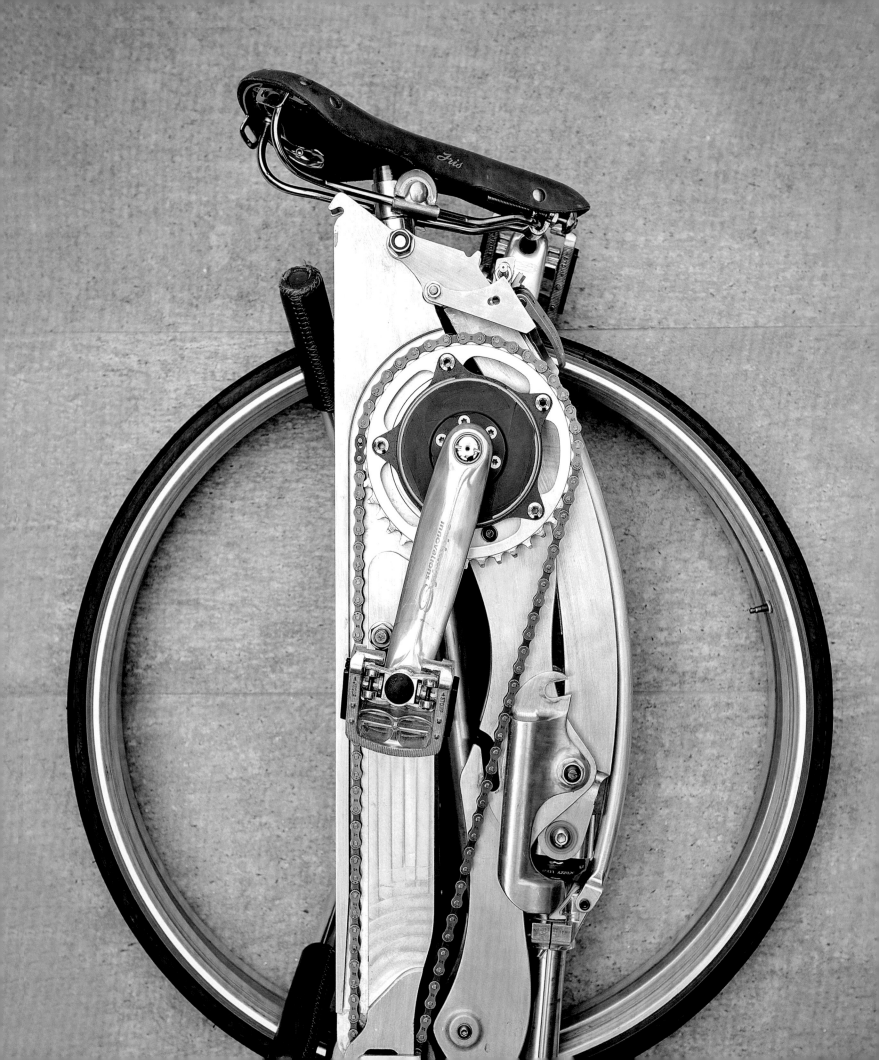

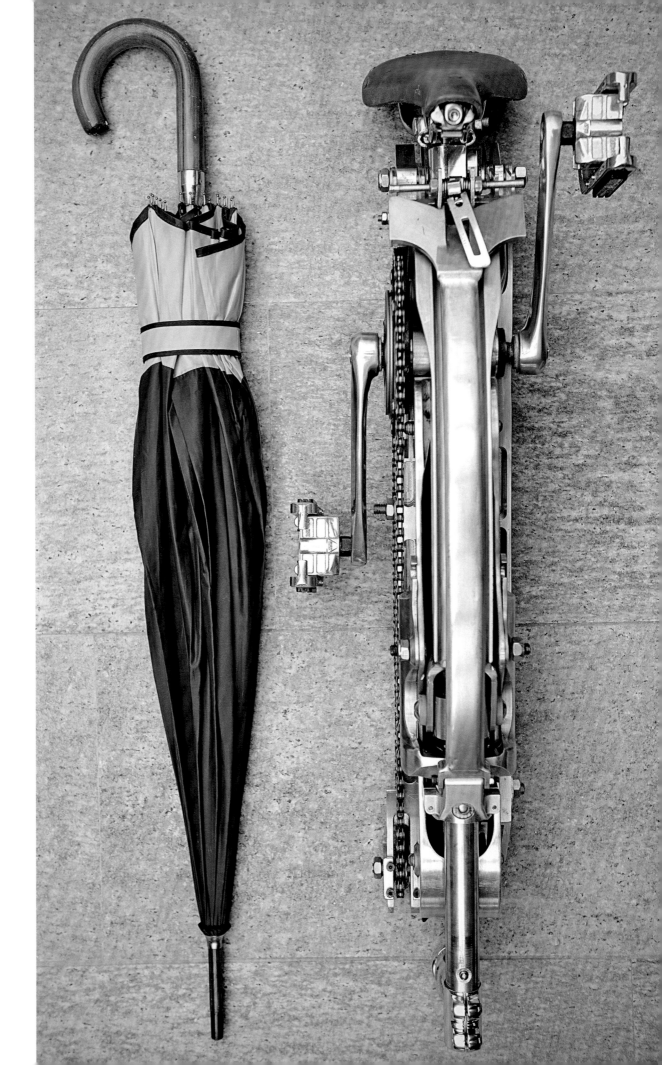

198　圖為摺疊後的Sada自行車，能放進特製的背包，還可像行李箱一樣拉動輪子。既然是典型的城市車，當然不具變速功能。

199　這款車是為了方便攜帶而設計，摺疊後跟雨傘一樣小，可以上大眾交通工具或帶來帶去。

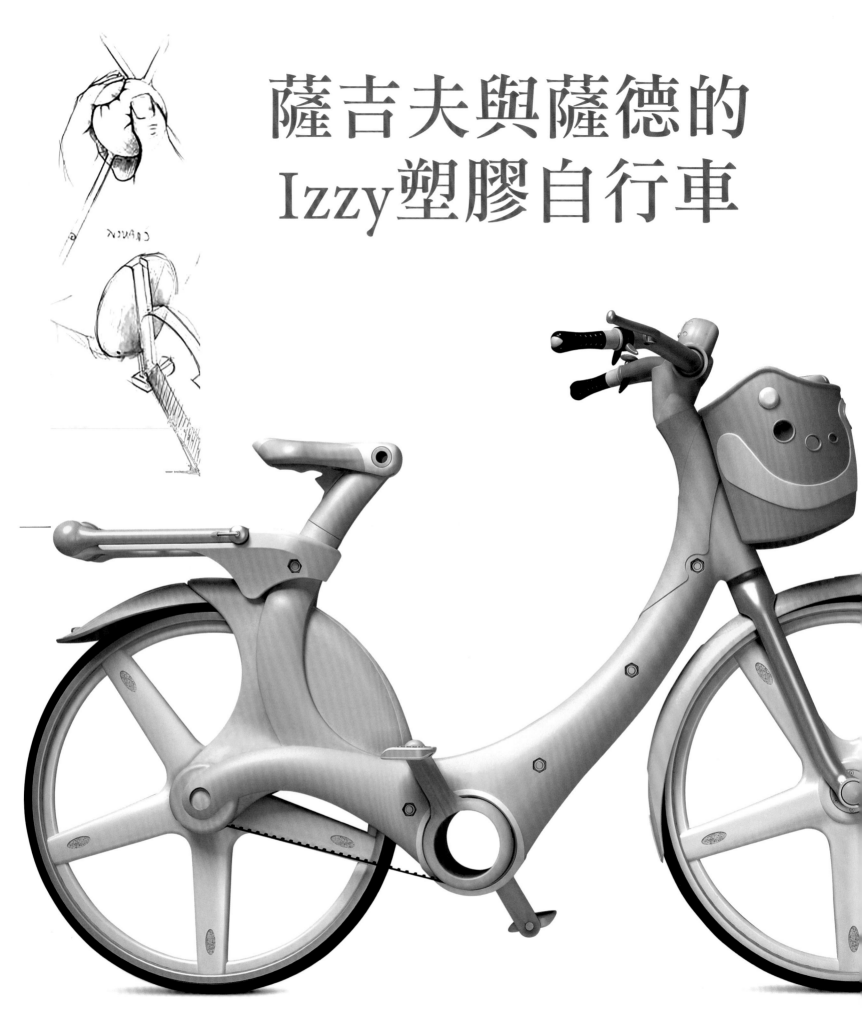

薩吉夫與薩德的 Izzy塑膠自行車

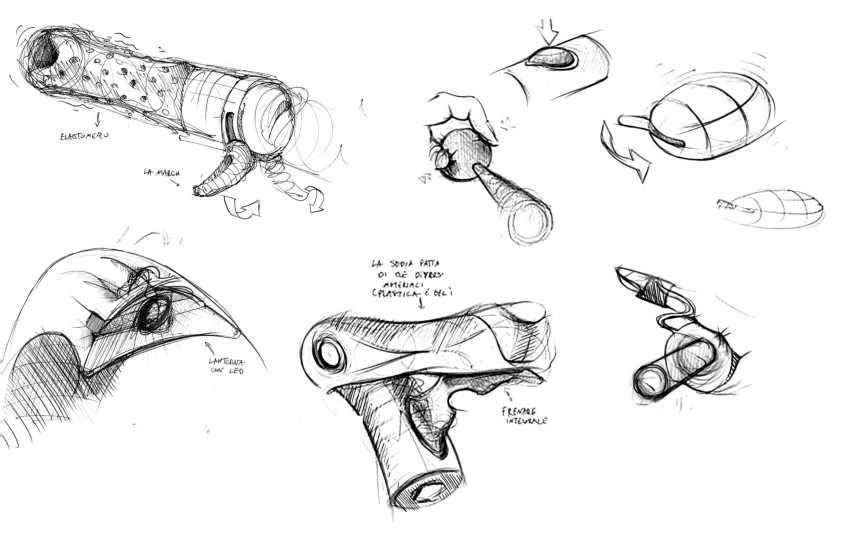

ELASTOMERU

LA MARCH

LANTERNA CON LED

LA SODIA PATTA DI OLE DIVERSI AMENACI (PLASTICA) È OLI

FRENARE INTEGRALE

　　薩吉夫是一名工業設計師，專業也涉及藝術領域。他在倫敦有工作室，作品跨足眾多產業，從擴音器、鞋子到自行車都有。他最有趣的設計，是與烏利·薩德（Uri Sadeh）合作開發的Izzy塑膠自行車，全車幾乎完全以塑膠製成。Izzy自行車在2010年問世，外觀未來感十足，車架由兩個可更換的外殼組成，很像一臺輕型機踏車。雖然乍看之下不太堅固，但除了騎士本人，後車架還可以多載一人。中央車架完全以可回收材質製成，是本車最有趣的特色之一。車輪與部分車架可輕易更換，為這款城市車搭配出不同色調。後車架融入可以鎖住後輪的防盜設計，前端的可拆式車籃同樣是塑膠製。擋泥板與貨架漆成黃色，與灰色的車架和較淺的五輻條車輪形成巧妙的對比。後避震器融入車架的設計，以加強避震功能。天黑時3D車燈會啟動，分別以白光和紅光照亮前後輪。傳動系統由皮帶驅動，齒盤中央特殊的中空設計，與全車的未來感十分吻合。

200和201　由於車架很大，Izzy塑膠自行車外形很像摩托車或電動輔助自行車，能輕易滿足騎士最刁鑽的要求。塑膠車身的黃灰色調形成強烈的對比，從設計草圖可以看出，這位倫敦設計師對每個細節都非常挑剔。

薩吉夫的MiniMum自行車

202-203　MiniMum自行車的名字意思是「極簡」，車如其名，零件比一般自行車少：車架只有一根水平擺放的長管子，其他部分則由鋼線取代。

203　單臂前叉的設計圖，配備減震器，車架以單臂後叉連接到後輪。為了簡化車身，只有一個腳煞裝置。

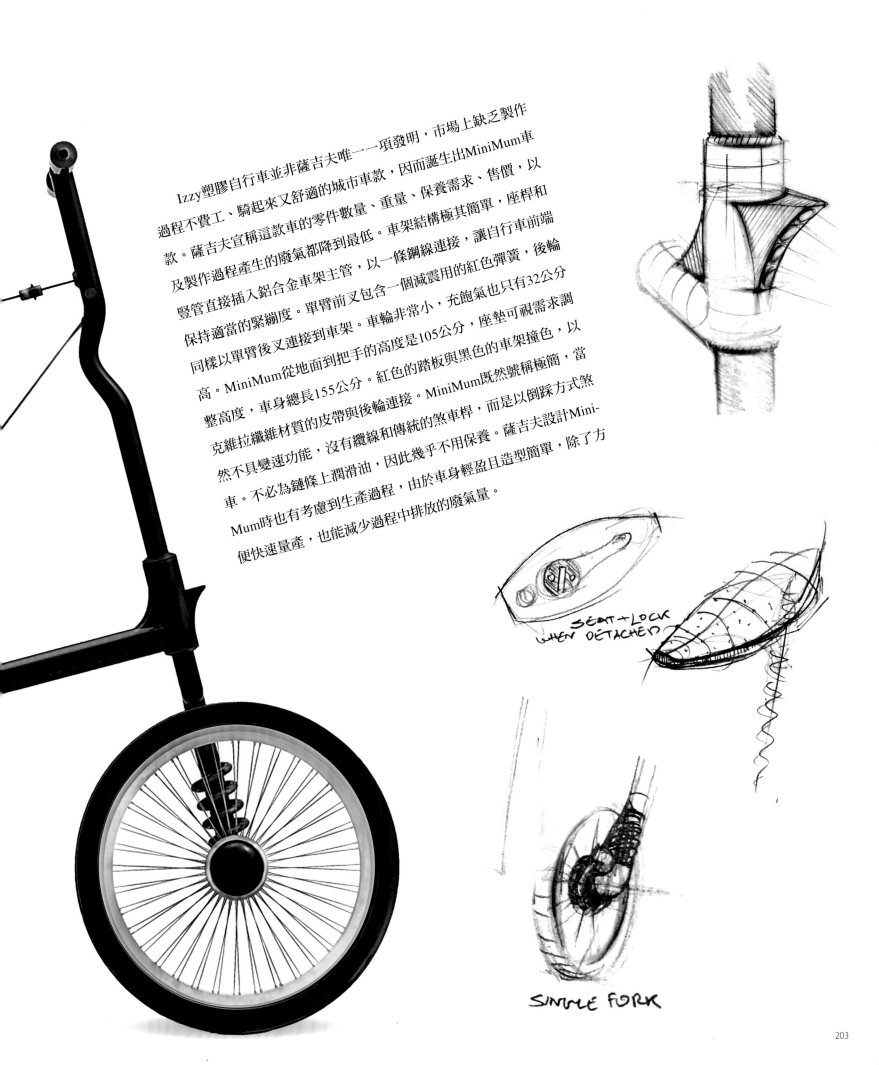

Izzy塑膠自行車並非薩吉夫唯一一項發明，市場上缺乏製作過程不費工、騎起來又舒適的城市車款，因而誕生出MiniMum車款。薩吉夫宣稱這款車的零件數量、重量、保養需求、售價，以及製作過程產生的廢氣都降到最低。車架結構極其簡單，座桿和豎管直接插入鋁合金車架主管，以一條鋼線連接，讓自行車前端保持適當的緊繃度。單臂前叉包含一個減震用的紅色彈簧，後輪同樣以單臂後叉連接到車架。車輪非常小，充飽氣也只有32公分高。MiniMum從地面到把手的高度是105公分，座墊可視需求調整高度，車身總長155公分。紅色的踏板與黑色的車架撞色，以克維拉纖維材質的皮帶與後輪連接。MiniMum既然號稱極簡，當然不具變速功能，沒有纜線和傳統的煞車桿，而是以倒踩方式煞車。不必為鏈條上潤滑油，因此幾乎不用保養。薩吉夫設計Mini-Mum時也有考慮到生產過程，由於車身輕盈且造型簡單，除了方便快速量產，也能減少過程中排放的廢氣量。

SEAT + LOCK
WHEN DETACHED

SINGLE FORK

薩吉夫的
Luna自行車

　　隨著3D列印與選擇性雷射燒結（SLS）技術逐漸普及，為各行各業帶來意想不到的可能性。率先以這類技術製造自行車，完全依照訂單生產，省去倉儲成本的人，正是前面提到的Izzy塑膠自行車設計師薩吉夫。他設計的Luna自行車使用尼龍車架，有3D列印機就可製成。只要幾個小時到頂多一天的時間，就能印出主要零件，再和車輪、花鼓、踏板、傳動系統、把手和可調式座墊等市售零件組裝在一起即可。具有剛性的尼龍材質，可以設計出簡單又優雅的車架，加上六角形結構質輕又耐用。另一項優勢就是無需製模，製作主要零件時也不需要其他工具，只要有一臺夠大的3D列印機，就可以隨時隨地做出這款車。車架的顏色任君挑選，白、黑或任何顏色都可。雖是走極簡風，Luna也不乏魅力。車輪約74公分高，延續中央結構的蜂巢設計。鏈條藏在連接曲柄組與後花鼓的殼體中；和Izzy塑膠自行車一樣，Luna的曲柄組也是中空的。

204　從正面看，Luna自行車俐落的線條十分出眾，前叉連結到車輪的方式符合空氣動力學。設備許可的話，包括前叉等零件皆可用3D列印技術印製。

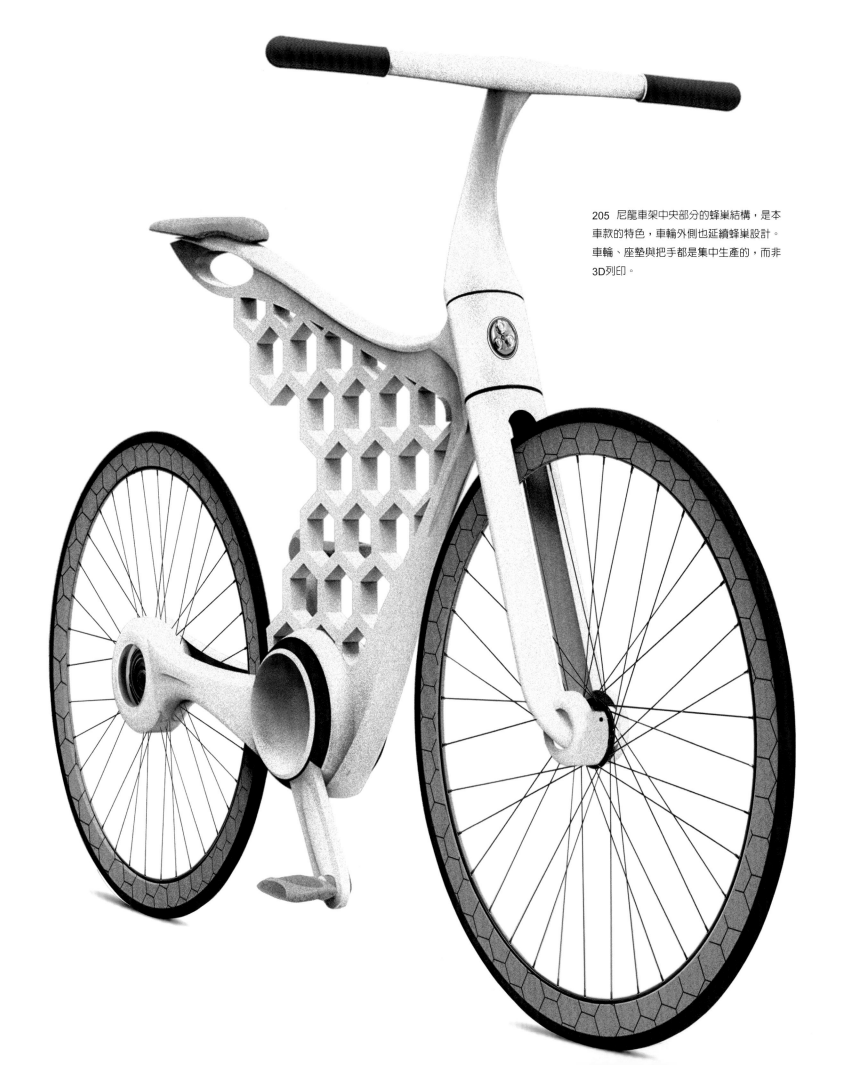

205 尼龍車架中央部分的蜂巢結構，是本車款的特色，車輪外側也延續蜂巢設計。車輪、座墊與把手都是集中生產的，而非3D列印。

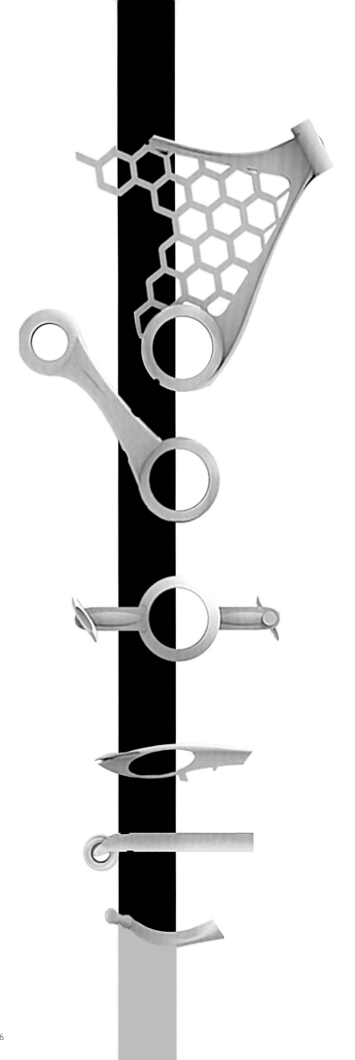

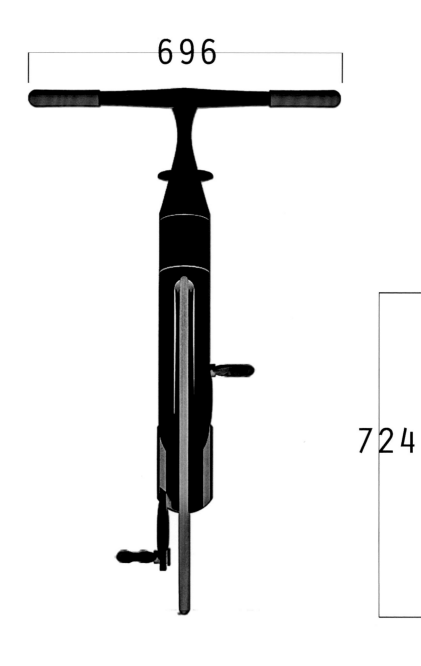

206左　圖為可用3D列印的零件：鏈蓋、踏板、豎管，以及車架的中央結構。可以自由選擇要印成什麼顏色。

206右和207　Luna自行車的尺寸很明顯專為成人設計，但座墊可配合不同身高進行調整。薩吉夫設計的自行車，五通部位都是空的。

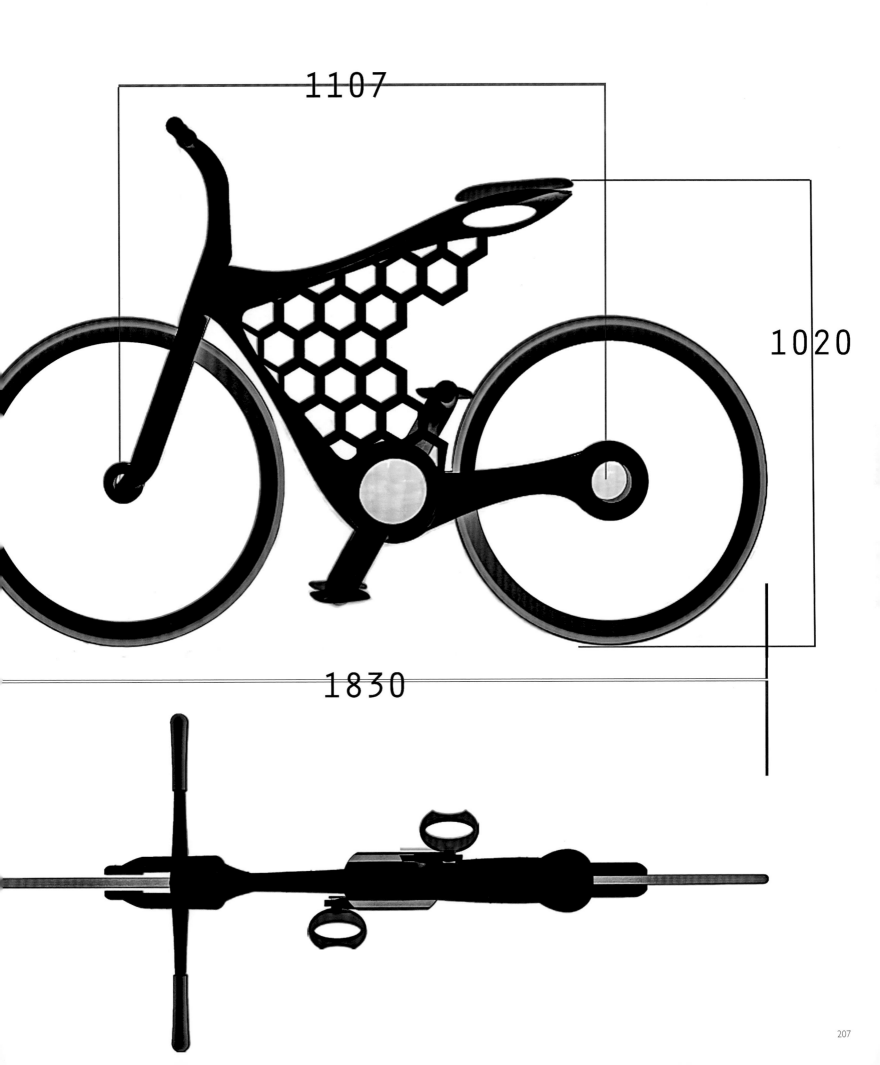

1107

1020

1830

Sizemore公司的 Denny自行車

    Denny自行車在2015年正式脫離概念階段,由富士公司大量生產。這款車由總部位在西雅圖的Sizemore與設計公司Teague合作開發,在美國贏得自行車設計大獎,得到生產問世的機會。極簡外型搭配部分白色塗裝,可說是典型的現代自行車。這款車的創新設計,靈感多半來自西雅圖的街道和變化莫測的天氣。例如為了滿足城市生活的實際求,把手可以拆下來變成防盜車鎖;連接車輪花鼓的U型構造,內附兩隻小刷子,當作擋泥板用,防止水花上濺,低調的設計比傳統的金屬擋泥板優雅許多。西雅圖地形高低起伏,Denny自然也具備電動輔助功能,再陡的坡道都不足為懼。可拆卸充電電池位在把手下方的貨架內。大量生產的版本隨附彈性網,確保騎車時所有東西都保持在原位。這款車有自動變速功能,以齒狀皮帶把動力從踏板傳送到後花鼓。另一個創新設計是可隨自然光自動調整亮度的LED車燈,設計師也在貨架兩側嵌入LED方向燈,還為座桿裝上醒目的紅色煞車燈。

208   風格與美學上的突破,無疑是Denny自行車成功的因素之一。這輛創新車款出自西雅圖頂尖設計團隊之手,比賽獲勝後榮登富士公司的產品型錄。

210-211　白色的車架管與車身顏色形成巧妙的對比，賦予Denny
自行車獨特的動感外觀。貨架兩側嵌入LED方向燈，位置緊鄰電
池。

212-213　圖為Denny的創新擋泥板。這輛電動輔助自行車的兩個U型構造內附有刷子，可以防止水花上濺。

213　Denny自行車在設計階段的草圖，由Sizemore與Teague設計顧問公司共同繪製。特殊的長方形把手在停放時可變成防盜車鎖，在都會區尤其實用。

214-215　和汽車展上許多概念車一樣，B1K可說是自
行車造型上的一大突破。由奧立佛・傑米耶（Olivier
Gamiette）設計，連固定輪胎的方式也十分創新。

寶獅的
B1K自行車

寶獅公司的B1K自行車還只是原型，純粹是一輛概念車，不過就是在造型上的嘗試，算不上量產車的早期版本。之所以把B1K列在這一章，是因為在寶獅公司的支持下，它很可能會成為未來自行車的靈感來源。2010年初，寶獅設計師奧立佛・傑米耶首次讓B1K公開亮相，同時設計了EX1電動敞篷車的原型，算是B1K的四輪版本。B1K與其說是交通工具，看起來更像藝術品。握把位置很低（低於座墊），因此在設計上其實不太符合人體工學。車架是一體成型的碳纖維結構，上管從座墊一路延伸到握把。極具特色的弓形車身設計，讓整輛車動感十足，而傑米耶就是想讓車架呈現出運動員往前衝的姿態。纖細的上管順著車架弧度向前延伸，車頭碗組上清楚印著公司名與獅子標誌。握把設計成直立狀也是出於美觀考量，就連車輪都十分出眾，輪胎以包覆的方式固定在輪圈上。前輪有輻條，後輪內部完全中空，僅以Y字型構造連接到車架。尾燈位在Y字結構上，看起來像懸在半空中。踏板透過機械系統直接連到後輪，無需加裝鏈條，因此車身後半部看起來相當洗鍊。

215　這張側視圖突顯了B1K風格極簡的弓形車架。後輪之所以採用顯眼的無輻條式設計，部分是為了直接用踏板帶動動力的傳送。

寶獅的DL122自行車

寶獅DL122原型車專為都會生活設計，提供更環保的交通方式。DL122十分小巧，車輪直徑只有51公分，兼具時尚與實用性，騎起來舒適又優雅。尼爾・辛普森（Neil Simpson）的設計既美觀又營造出未來感。座墊與握把都是皮革材質，同樣是皮製的隨附公事包即使裝了筆電跟文件，也放得進鋁合金車架中央保留的置物空間。這個空間插入木製填充物，添加了奢華感。這樣的設計讓騎士可以安心載著必備物品，放得地方也不會太高，不至於抬高重心，有利於保持整體平衡，實現DL122的產品理念：讓騎士靈活地在都會街頭穿梭。車輪有五根輻條，和座桿、前叉與把手一樣是黑色的。沒有纜線外露，整輛車線條俐落，以皮帶取代鏈條也降低了保養需求。八段變速系統裝在後輪花鼓上，座墊來自義大利的Selle Italia公司。原型車的eDL122版本已經上市，電動馬達與後輪等高，電池跟車架融為一體，可以拆下來，也可隨車充電。休息把上有控制器，可以調整電池使用模式與變速檔位。eDL122與DL122兩款車都附有伸縮式上鎖系統。

216-217　DL122的特色在於車輪小且重心低，專為都會生活設計。鋁合金車架的中央空間經過拉絲處理，可以放置包包，是寶獅自行車才有的設計。

說到山葉公司，多半都會想到機車或樂器，但早在1993年，山葉就推出了採動力輔助系統（PAS）的電動輔助自行車，首批產品在1993年11月上市。由於沒有上管，非常適合女性騎手。公司隨後繼續研發，開發成本更低、續航力更好的車款。2004年開始採用鋰離子電池，讓山葉向前邁進一大步。除了傳統的PAS電動自行車，山葉近年來也生產偏運動風的車款，甚至推出了三輪車。2011年在東京車展（Tokyo Motor Show）展出的PAS With原型車，則是比較新穎的款式。PAS With與採用鋁合金車架的傳統PAS自行車不同，以中央T字型車架支撐座墊，目的就是要引人注目。PAS With車款主打可以摺疊，能輕鬆地帶上大眾交通工具。從開發初期，PAS馬達就裝在前輪花鼓內，這樣設計車身時較不受限。單臂避震前叉兼顧騎乘的舒適度與摺疊便利性，以皮帶而非鏈條傳動，煞車採雙碟煞。PAS With自行車還有最後一個有趣的設計，它可以連接手機進行充電，甚至以手機操作衛星導航。

山葉公司的
PAS With
自行車

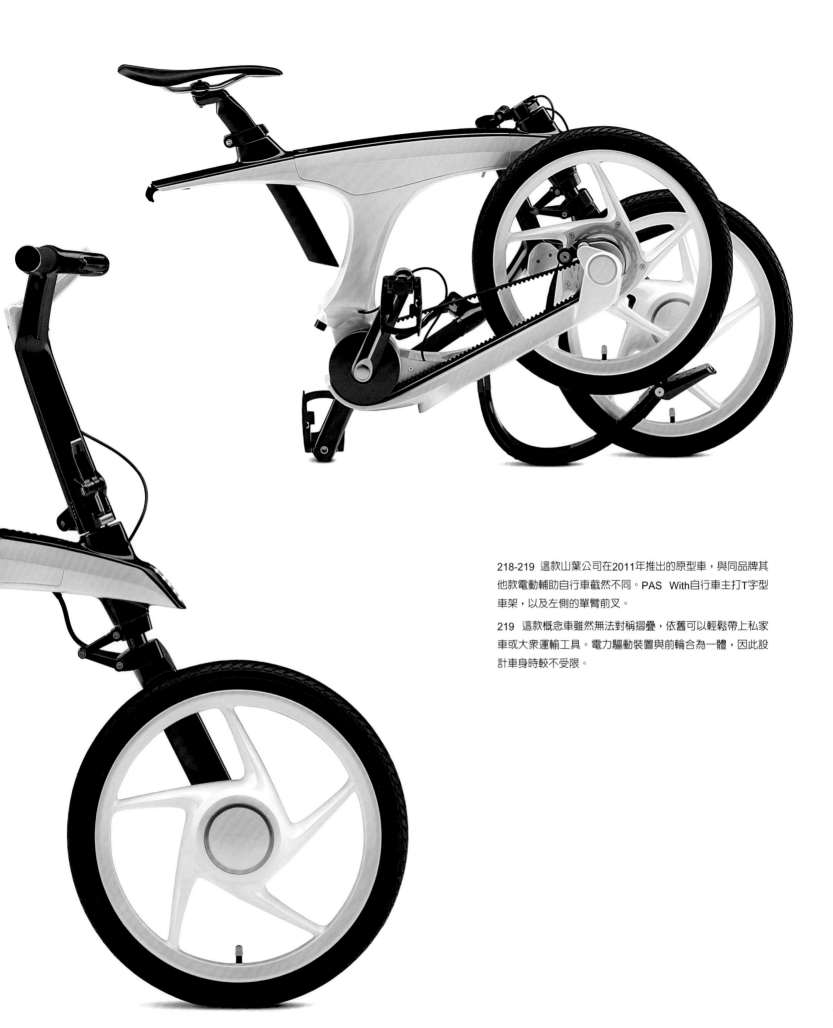

218-219 這款山葉公司在2011年推出的原型車,與同品牌其他款電動輔助自行車截然不同。PAS　With自行車主打T字型車架,以及左側的單臂前叉。

219 這款概念車雖然無法對稱摺疊,依舊可以輕鬆帶上私家車或大眾運輸工具。電力驅動裝置與前輪合為一體,因此設計車身時較不受限。

登山車

發展永不止步

　　越野機車賽在1960和70年代發展成國際運動，啟發許多登山車的靈感。如今登山車受越野愛好者歡迎，廣泛用於鍛煉、冒險或單純的娛樂上。其實登山車起源於BMX，也就是「場地越野自行車」（Bike For Motocross）。BMX被《E.T.外星人》等熱門電影捧紅，但BMX的發展歷史和眾多自行車品牌息息相關，包括風靡全美青少年的Schwinn刺虹自行車；這些品牌不僅引爆登山車狂潮，還促成新的競速比賽。

　　不過，登山車的發展也要歸功於公路越野車運動（Cyclocross），在這種冬季訓練活動中，車手要克服長距離越野路段，路面通常都很泥濘。也難怪有時在公路越野賽照片上，會看到Specialized公司的Stumpjumper自行車。雖然被視為史上第一款登山車，Stumpjumper跟環法賽或米蘭－聖雷莫大賽中的公路車似乎沒什麼差別。衍生車款也用於速降賽等日漸多元的專業比賽中。

過去30年來，登山車和衍生車不斷進化，場地越野自行車和四輪越野賽車使用的技術，促成各種自行車避震技術的發展：前避震、後避震，甚至是全避震。登山車款日益專精，與傳統自行車或公路車之間的差異愈來愈大。加州是登山車產業的大本營，這裡狂人齊聚，投入大把時間和資源，把登山車發展到今天的模樣。其他國家和地區的製造商當然也不甘示弱，打造的自行車技術精良、性能卓越，往往不亞於美國車款。像Cinelli公司就推出了義大利第一款登山車：Rampichino。

　　自行車愈來愈常用在各種特殊環境，刺激登山車產業持續發展，從胖胎車（fat bike）的流行就可見一斑。胖胎車發源於明尼蘇達州，專為冬季雪地設計，低胎壓的大輪胎可以輕鬆駛過泥地或摩擦力較低的路面。胖胎車從明尼蘇達州散布到美國全境，如今甚至擴及歐洲和全世界。登山車產業持續蓬勃發展，除了胖胎車，將來肯定還會有更多衍生車款。

Schwinn公司的
剌魟自行車

Schwinn的剌魟自行車（Sting Ray）主打年輕族群，堪稱BMX始祖，算是登山車的前身，在1970年代極受美國青少年喜愛。BMX指的是「場地越野自行車」，在南加州發明時，專門用於山路小徑。Schwinn在1963到81年間生產的剌魟相當熱門，常被青少年改造，進行山徑越野，並參加最早的BMX自行車賽。BMX賽在1970年代前期相當熱門，之後併入自行車協會，過了一段時間，才獲得國際自由車總會的認可。第一代剌魟把手很高，輪寬51公分，搭配加長型座墊，看起來很像機車。甫上市即爆紅，沒幾個月就賣出4萬5000多輛。雖然經過多次改版，車架仍保留弧形設計。有些版本的剌魟配備泥濘路面專用零件，比如以「橘版」最為暢銷的Krate車款。剌魟Krate在1968到73年間生產，前輪寬41公分，配備中央鼓輪煞車、軟墊式座墊，上管設有中央握把，可以從五段變速中選擇最適合的檔位。剌魟系列有各種座墊和把手任君挑選，還可根據用途，決定是否安裝碟煞。BMX賽聲名大噪並穩定舉辦後，其他自行車款和純競速車以外的特殊車款也相繼問世。其中最熱門也最驚心動魄的自由式BMX賽，要考驗車手的想像力和膽量！

224-225 左圖是1963年推出的原版剌魟；右圖是Schwinn公司2004年重新推出的車型，又名Street Series Chopper，但卻無法再造原版輝煌的銷售佳績。

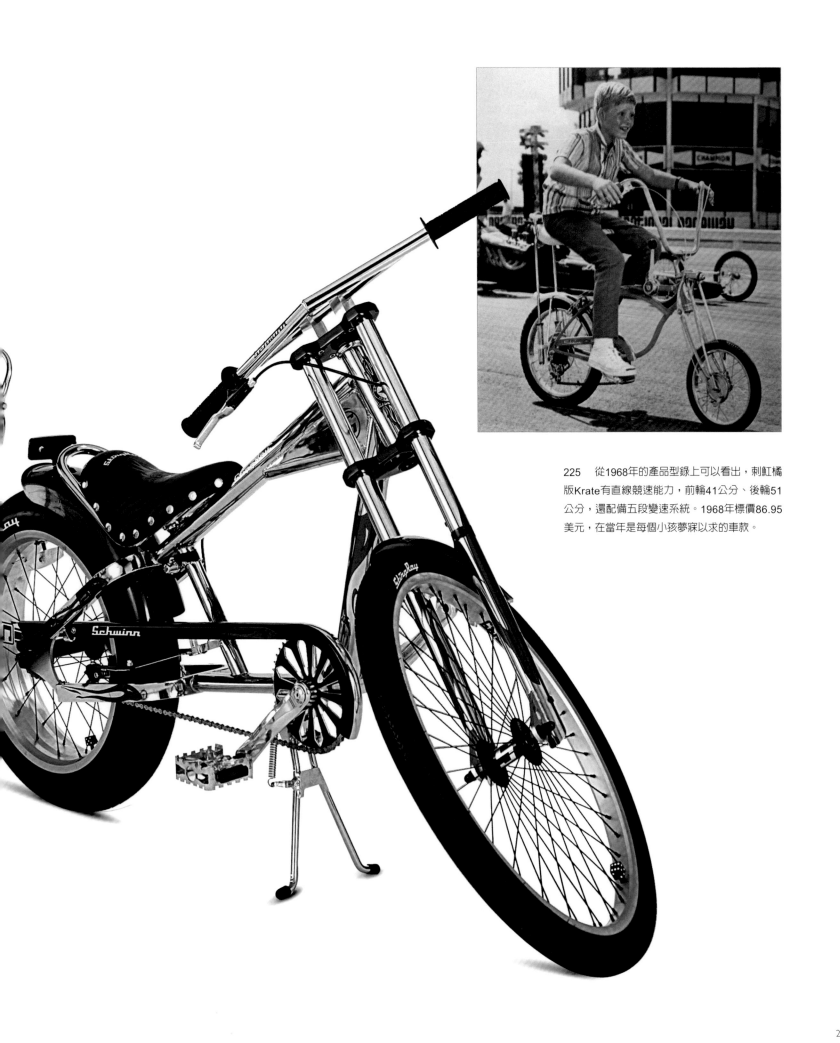

225　從1968年的產品型錄上可以看出，刺虹橘版Krate有直線競速能力，前輪41公分、後輪51公分，還配備五段變速系統。1968年標價86.95美元，在當年是每個小孩夢寐以求的車款。

Specialized公司的

Stumpjumper自行車，
1981

　　1981年9月，第一輛量產登山車Stump-jumper問世。很快地，Univega公司的Alpina Pro自行車，以及產品價位更高的Ritchey公司都開始爭相模仿。Specialized公司創辦人麥克‧新亞（Mike Sinyard）想打造一款能應付各種地形的自行車，因此開發了Stumpjumper。這款車採用焊接鋼製車架，配備BMX豎管和仿機車把手。頭幾款車推出後，Specialized開始自己製造零部件，供零售車款使用。Stump-jumper配備Araya公司的66公分車輪，包覆越野輪胎，在碾過泥地和溼滑地表時有更強的抓地力。變速系統是日本榮輪公司生產的ARX系列，包括三片式齒盤組及五個後齒輪，變速

選擇相當多元。煞車則由法國的Mafac公司提供。起初，許多人並不看好Stumpjumper，認為它是「給大人玩的BMX」。不過，自從第一批產品在1982年賣出500輛以來，Specialized都不用費心行銷。Stumpjumper首次調整是針對前叉，改善兩臂間的連接。之後由於零件製造商對登山車產業的興趣愈發濃厚，因而催生出更先進的零部件。Shimano在1983年首開先河，推出Deore零件組。1980年代登山車運動才剛興起，就出現Stumpjumper這款功能豐富的自行車，搭上這項運動的熱潮，愈來愈受歡迎。如今Stumpjumper幾乎成為登山車愛好者心目中的傳奇，從1982年熱賣至今。

226　Specialized公司1982年推出的Stumpjumper，堪稱史上第一輛正宗的登山車。這款車設計簡潔，配備越野專用零件。

227　Stumpjumper配備傳統的競速車把手，在公路越野賽中表現優異，輪胎表面凹凹凸凸的紋路，有助於克服泥濘路段。

Cinelli公司的 Rampichino自行車，1985

228-229　第一輛義製越野自行車的誕生，要歸功於Cinelli公司和安東尼奧‧可倫坡的創意。可倫坡家族接手Cinelli 不久，就推出Rampichino，在義大利備受歡迎，已成為登山車運動的同義詞。

Cinelli公司的Rampichino自行車由安東尼奧‧可倫坡設計開發，從1985年開始量產，是史上第一輛正宗的義製登山車。安東尼奧是企業家安傑洛‧可倫坡（Angelo Luigi Colombo）的兒子，不僅樂於接納創新觀點，在行銷方面還極具天賦。1978年，他接管奇諾‧奇涅里一手創建的Cinelli公司。當時登山車在美國加州開始熱銷，安東尼奧極具商業頭腦，預期同樣的熱潮也會襲捲義大利，於是率先設計出當時唯一的義製越野自行車，領先國內同行業者相當長一段時間。Rampichino車名源自義大利文的「短趾旋木雀」（雀形目的一種），由於這款車非常成功，「Rampichino」便成為義大利文登山車的同義詞，其他製造

商後來推出的車款也被冠上「Rampichino」之名。首批Rampichino採用Columbus公司自製的鋼管車架，設計簡潔，車身是軍綠色搭配黃色圖案。採用Ambrosio公司製造的28吋輪圈，把手獨具風格，車手可以輕鬆夠到三角形豎管和變速桿。還配備Shimano Deore XT零件組，非常適合登山車運動。美籍車手蓋瑞‧費雪（Gary Fischer）是Rampichino眾多愛用者之一，後來也成為知名的登山車製造商，但是在創建同名自行車品牌以前，就把Rampichino引進美國。Rampichino雖在義大利掀起登山車風潮，但與歐洲相比，登山車在美國更為普遍，美國市場或許是這款車在品質方面最好的試金石。

Mountain Cycle公司的 San Andreas 自行車，1991

230-231 San Andreas是登山車發展史的一個里程碑，因其革命性的設計，陳列在舊金山的現代藝術博物館。這款車選用特殊的鋁合金單體車架和避震前叉。

機車越野和登山車運動有很多相似之處，一部分是因為它們應付的是同一種地形條件。難怪曾是美國川崎公司（Kawasaki）專業車手的工程師，會成立公司專門設計與製造登山車。這位工程師名叫羅伯特‧賴森傑（Robert Reisinger），他在1988年創立Mountain Cycle品牌，於1991年推出San Andreas車款。這款車構造新穎、外型漂亮，目前展在舊金山的現代藝術博物館（Museum of Modern Art）。San Andreas是史上最早的全避震式登山車之一，配備前、後減震器，率先採用鋁合金單體車架和液壓碟煞。Mountain Cycle公司的一大優勢在於，幾乎所有主零件都是自家生產，卡式飛輪和三片式齒盤組加裝當時業界頂尖的Shimano Deore XT七段變速系統。雖然配備RockShox避震系統，倒前叉的設計仍是源自越野機車。鋁合金單體車架尺寸統一，只有座桿可依車手身高調整。原版After Shock後避震系統的關鍵，是由Mountain Cycle公司自行打造的中央減震器，包括三個可互換且剛性互異的部件，以及一個可根據車手特質和偏好調整的固定座。液壓浮動式碟煞在當時非常具有開創性，同樣是賴森傑的公司自行製造，產品名為「ProStop」，有多種尺寸可供選擇。

232　發展成熟的LTS車款構造簡單，
能明顯看出專為比賽打造。

232-233　LTS車架上有布倫特·弗
斯（Brent Foes）的簽名。弗斯是越
野機車賽愛好者，多虧他引進先進的
避震系統，讓登山車下坡時更安全輕
鬆。

Foes公司的
LTS自行車

234

234-235和235 圖中的LTS自行車擁有流線型車身，車架專為後避震系統設計，以短桿連接減震器與車架。

　　布倫特‧弗斯是來自加州洛杉磯的登山車運動愛好者。投身單車運動以前，他曾以自己設計改造的福特和Nissan小貨車，參加越野車賽，因此尤其注重登山車的避震系統。他在1995年推出的F1前叉，至今仍被視為劃時代的發明，各家減震器大廠在數年後才跟進。LTS自行車配備12.7公分的可調式回彈避震器，這項技術在當時前所未聞，堪稱業界先驅。弗斯對避震系統興趣濃厚，與合作夥伴設計出首款專為避震系統打造的LTS車架。由於避震系統和車架都是自家生產，弗斯得以利用這個難得的契機，設計出一款後減震器，並在周圍打造專用車架，把減震器的優點發揮到極致。LTS後減震器的一個特色是連接桿相當短，車身造型極簡，能看出設計師一心想打造一款競賽用車。1995年推出的Foes　LTS自行車經得起時間考驗，至今仍是純功能性設計的典範。

登山車的進化會帶動技術創新，市售各種車款應用了各領域的科技。因為登山車運動和機車越野很類似，就有人想到把減震器納入登山車的前、後避震系統，改善避震效果，提升路況崎嶇時的騎乘舒適度。第一批全避震式登山車在1990年代早期問世，歷經長時間改良後，技術才比較可靠。Cannondale公司1998年推出的Raven自行車就是全避震車款的經典範例；根據使用的零件Connondale Raven分成2000、3000和4000三種型號。由於採用所謂的Super V Raven車架和複合材料Connondale Raven頗具未來感，推出後轟動一時。車架採鋁合金與碳纖維材質，後避震系統也以鋁合金打造。Connondale Raven後減震器是水平放置的Fox Alps，可自由調整避震阻尼大小，前避震器則使用CODA HeadShock Fatty SL。配備Shimano XTR傳動系統，不同型號之間略有差異：4000車型裝了Sachs後變速器；4000和3000車型配備Shimano XTR八速後卡式飛輪，變速精準度略優於2000車型的Shimano XT系統。對車手來說，Raven自行車不僅輕量，爬坡時傳動性能絕佳，堪稱有史以來最優質的登山車，許多車手至今仍在使用，證明Super V Raven的車架和整體構造相當結實可靠。

Cannondale公司的 Raven自行車，1998

236和237　Raven自行車於1998年甫一推出，就以頗具未來感的Super V車架令人驚豔。座桿看起來像懸在半空中，營造出引人矚目的魅力。中央車架結合鋁合金與碳纖維。圖中可以明顯看到紅色鋁合金後避震系統，配備水平放置的可調式後減震器。Raven自行車的特色是卓越的抓地力和輕量設計。

Scott公司的Genius自行車

Scott公司2003年推出的Genius，在登山車史上扮演關鍵要角。Scott與瑞士車手湯瑪斯・弗里斯耐伊特（Thomas Frischknecht）合作，開發Genius RC10雙避震比賽用車。2003年，弗里斯耐伊特騎著這款車，在盧加諾奪得世界登山車馬拉松錦標賽（Mountain Bike Marathon World Championships）冠軍。RC10配備全新的後減震系統，還有鎖死模式、全開模式和半開模式三段式循跡控制；前叉也有不同的避震行程可供選擇。平行四邊形的避震系統有四個定軸點，可以把傳動系統造成的位移減到最小。由於採用輕量鋁合金管材，重量大幅減輕，車架和避震系統總重控制在2150公克左右。就車架而言，Genius的設計也考量到自由車手的需求，必要時可以把車扛在肩上。另一款競賽色彩比較淡的Genius車型叫MC10，為了提升舒適度，車架的幾何結構有些微的差異；配備Shimano XTR零件組，碟煞也出自同一個廠牌；還有Mavic公司的Cross Max型車輪。Scott公司多年來持續調整Genius，最近期的改良是把減震器移到與上管平行的位置，也就是把減震器的工作原理從壓縮式改為拉伸式。Genius系列在2015年推出三個車型：輪圈寬69.85公分的Genius 700、 採用外徑29吋車輪的Genius 900，以及最優質的LT Tuned（輪圈寬也是69.85公分）。LT Tuned和其他兩個型號一樣有TwinLoc系統，車手可以使用把手上的撥桿，針對上坡、平路或下坡路段，從三段式循跡控制中選擇相應的模式，調節前、後避震系統的避震行程。碳纖車架專為減輕車身重量而設計，全車總重12.4公斤，還配備最新一代的11速SRAM變速系統。

238和239　圖為Genius自行車從
2004年（左）、2005年（右上）
，一路演變到2012年的車型（右
下角）。Genius的設計理念始終
如一，依然採用平行四邊形的避
震系統和可調式減震器。

240-241　全新一代的Genius登山車採用碳纖維車架，避震系統與上管平行，還可用把手上的TwinLoc撥桿調整減震器。

Surly公司的
Moonlander
胖胎車

　　「胖胎」自行車的誕生標誌著登山車產業的最新發展。所謂的「胖」，指的不是車架或自行車的大小，而是尺寸超大的車胎，寬度至少有9.4公分，與車身一比顯得奇大無比。胖胎車始於美國阿拉斯加州，當地的自行車愛好者為了加強抓地力，方便在雪地上騎乘，使用比一般寬很多的車胎。胖胎車熱度並不侷限於登山車貿易展銷會上，像登山車熱潮一樣開始蔓延，在歐洲也愈來愈紅。胖胎車之所以成功，是因為它連在雪地以外的地形都很實用，無論是沙地、泥地，還是其他摩擦力較低的地面，低胎壓的大輪胎都能輕鬆應付。2004年率先量產胖胎車的，是總部位在多雪的明尼蘇達州的Surly公司，這可不是出於偶然。Surly當年推出的Pugsley胖胎車，至今仍在製造販售，Specialized和Trek等同行也開始效仿。Surly如今推出OmniTerra胖胎車系列，車型多樣，最出色的一款是Moonlander，100公釐的輪圈上包覆12.19公分的巨大輪胎，降低胎壓後，就可以挑戰傳統登山車路徑以外的特殊地形。

242-243 Moonlander可被視為最新一代的Pugsley，巨型車胎厚12.19公分，全車外觀獨特，將胖胎車的概念發揮到極致，最詭譎的地形也暢行無阻。

244　從正面看，最新版的Pugsley胖胎車Surly車胎頗具份量。低胎壓的大輪胎可避免在雪地或泥地打滑。

244-245　如圖所示，Pugsley的鋼製車架和Moonlander的車架在結構上很相似。Shimano十段變速後卡式飛輪配備36齒和22齒的齒盤組。

Moonlander的鉻鉬鋼車架採加強型中央三角設計，有五種尺寸可供選擇。所有車型都裝配Shimano SLX十段變速零件組，輪圈由Surly公司使用DT Swiss輻條自行加工而成，輪胎和原版Pugsley一樣也是自家製造。Pugsley至今仍在販售，但採用的是Shimano CS變速系統和比以前稍微小一點的輪胎，因此價格比較便宜。即使輪胎較小，還是叫胖胎車，畢竟這股風潮是Pugsley掀起的，無論如何演進，都不脫「胖胎」精神。

電動輔助自行車

一段引人入勝的旅程

　　電動輔助自行車的歷史不像傳統自行車那麼悠久，但希望助車手一臂之力的想法（尤其是應付長車程和上坡路段的時候）存在已久。

　　寶獅是第一批製造「機動自行車」（motor bicycle）的公司之一，Bianchi也隨後跟進（詳見本書介紹）。不過早在1987年，尤金・韋納（Eugene Werner）和米歇爾・韋納（Michel Werner）就申請了輕型機踏車的專利。兩兄弟在勒瓦盧瓦—佩雷（Levallois-Perret）開了一家工作室，巴黎凱旋門後的偉軍路（Avenue de la Grande Armee）上也有店鋪。在世紀之交誕生的Werner Motocyclette機動自行車，配備一馬力的引擎，時速最高40公里，比當時一些汽車還快。「機車」（motorcycle）一詞就是在這個情境下誕生的。機動自行車持續發展，促使許多製造商的結構與規模在19世紀末急遽改變。除了寶獅，英國公司BSA的轉型也是一例。BSA以自行車起家，後來以機車打響名號。

　　但是在概念上，電動輔助自行車不同於1990年代早期開始盛行的輕型機踏車和

輕、重型機車。就算裝了小引擎，還是自行車，必須靠踩踏板前進。法國VéloSolex可被視為電動輔助自行車的先驅，銷量多達數十萬臺。過去義製電動輔助自行車，指的是在各款普通單車上，裝設Garelli公司的Mosquito引擎和油箱。近期得益於電力的使用和可充電電池持續的改良，電動輔助自行車大為普及。各種風格和價位的車款都有，包括款式多樣的全新VéloSolex系列。

　　同樣值得注意的，是與機車時代初期相反的風潮：現在愈來愈多汽車品牌推出電動輔助自行車，還可應用四輪（或以上）車輛專用的技術。但是別忘了，就算推出會使用電力的自行車，還是可以提升車商的環保聲譽。事實上，由於電動輔助自行車產業還有很大的發展空間，不是只有本書介紹的Smart公司的Ebike和Kia公司的KEB這兩款自行車，才能扮演這個角色。最近的自行車趨勢，轉向電動輔助登山車的普及，但製造過程需要高度複雜的技術。如果體能條件不足卻想挑戰艱險路線，這些輔助式車款可以助車手一臂之力，前提是得容忍「正宗」車手的冷嘲熱諷，被說竟然還要倚賴電動馬達。

250　1958年的VéloSolex廣告都在強調它的低成本和安全性。這款配備二行程引擎和驅動輥的自行車，由於在多部法國電影中亮相，助長了它在市場上的成功。

250-251　VéloSolex輕型機踏車在1946年投入量產；在那之前，Solex公司以生產化油器和散熱器著稱。產品推出時的廣告標語將VéloSolex形容為「會自己動的自行車」。

VéloSolex
輕型機踏車

雖然早在20世紀初就發明了輕型機踏車，但VéloSolex車仍可說是電動輔助自行車的鼻祖。1941年打造出第一輛VéloSolex原型車，並在1946年二戰後迅速投入量產。發明這款車的Solex公司，專門生產化油器和散熱器等零件，總部位在法國古貝弗瓦（Courbevoie），離塞納河不遠。而且因為VéloSolex是輕型機踏車，滿14歲就可以駕駛。上市時的廣告標語形容VéloSolex是「會自己動的自行車」。VéloSolex輕巧又便宜，很快便名揚海外，更在年輕漂亮的碧姬・芭杜的多部電影中亮相，助長它在市場上的成功。45cc二行程引擎藉由驅動輥連接到前輪，油箱和車燈也裝在同一區。1953年，引擎排氣量增加到49cc，動力從0.4提升到0.5馬力，最高時速可達35公里；1966年又推出VéloSolex最著名的S3800車型。不過，全盛時期為了增加產量，連開幾家工廠後，Solex便陷入營運困境。1975年，Solex併入Motobécane公司，但輕型機踏車的時代不再，由更先進的交通工具取代。1988年，總產量超過700萬輛的VéloSolex宣告停產。1990年代，匈牙利公司Impex多次重振VéloSolex未果，便把Solex品牌賣給一家中資企業。2006年，這家公司重新推出一系列電動輔助自行車，出自設計師賽吉奧・賓尼法利納（Sergio Pininfarina）之手，設計得跟VéloSolex一模一樣，銷售市場遍布全歐洲。之後甚至推出一款同樣名為VéloSolex的摺疊車，車輪51公分，配備250瓦電池，充電時間五小時，時速最高25公里。基礎車款叫Solexity，還有提供多種版本：26吋或28吋的車輪，以及Comfort、Smart和Infinity三種配置可供選擇。同系列最後一款車是e-Solex電動輕型機踏車，電池動力更強勁，最遠可行進40公里。

252-253 收購Solex品牌後，中資企業Mobiky也生產尺寸極小的摺疊式電動輔助自行車。下一頁左上角是摺疊好的Solex Mobiky電動自行車。

254和255 VéloSolex Comfort出自設計師賽吉奧‧賓尼法利納之手，方便以汽車和大眾交通工具運送。如圖所示，摺疊後面積僅僅0.4平方公尺。

254-255 輸出功率250瓦，容量8安培小時（Ah）的鋰離子電池是標準配備；若加購10安培小時（Ah）的電池，行進距離會從50公里增加到70公里。還配備Shimano六速傳動系統和鋁合金車架。

戰後的電動輔助自行車發展史上，Mosquito引擎扮演著關鍵角色。設計這款引擎的工程師卡洛・吉拉迪（Carlo Gilardi）任職的Garelli公司，早在1930年代就以製造優質機車揚名業界。吉拉迪當時已經想到用單缸二行程小引擎，減輕車手的辛勞，但這個構想直到1945年才實現。Mosquito引擎成功的關鍵與VéloSolex一樣，在於縮小引擎和驅動輥的整體體積。經過一系列測試後，Mosquito引擎在1946年開始量產，小巧的38.5cc二行程引擎輸出功率是0.8馬力，發動的聲音十分獨特，因而取名為「Mosquito」（意指「蚊子」）。除了Mosquito引擎，Garelli公司也生產固定夾和油箱Mosquito引擎會如此受歡迎，主要是因為可以輕鬆安裝在自行車上。Garelli公司一共生產超過200萬部Mosquito引擎，送到世界各地，1946年到1960年間，Garelli的工廠遍布義大利國內外。裝載可拆卸輔助推進系統的自行車，很多都是Bianchi車款：1950年推出的男用車款最有意思，除了桿式煞車，還配備7公斤重的Mosquito引擎，就掛在五通下方車架的尾端。油箱與貨架完美結合，完全不影響主要功能。Mosquito引擎的進化歷經多個關鍵階段，首先是排氣量增加到48cc，之後改採耗能較低的傳動系統。第一批車型時速最高32公里，經過改進後又變得更快了。

配備Mosquito引擎的 Bianchi自行車

256-257　Mosquito引擎安裝在車架底部，避免提高自行車重心，可以隨時拆卸。油箱是標準配備，安裝在座墊後方。

Smart公司的
Ebike自行車

258-259　Ebike技術先進，一律配備控制顯示幕。此外，車上還有智慧型手機座，騎士除了可以應用程式管理自行車，還能使用GPS系統和地圖。

260　智慧型手機透過USB插槽連接到自行車上，可以隨車充電。客製化應用程式方便追蹤行程、記錄海拔和距離，車手甚至可使用特製的綁帶偵測心跳速率。把手的設計讓車手能輕鬆抓握，Comfort車款更是主打舒適度。

261　Comfort車款也配備避震前叉，26吋輻條式車輪與輪胎完美貼合，降低滾動阻力。前輪裝有碟煞，車上還有Orange車款沒有的擋泥板。

從四輪汽車到兩輪自行車，Smart公司以Ebike拓展城市車和環保車市場。Ebike是一款先進的電動輔助自行車，由Smart與德國品牌Grace共同設計開發。Ebike無疑非常實用，車身設計刻意仿效Smart汽車，一點也不馬虎。鋁合金車架專為承載鋰離子電池而打造，電池的塑膠保護蓋顏色與車身撞色。E-bike系列有三個版本：噴漆出眾的橘色版和黑色版，還有白色或深灰色的Comfort版。Comfort車款配備避震前叉和軟墊式座墊。250瓦BionX電動馬達裝在後花鼓內，後輪碟煞又連接到能源回收系統。踏板透過碳纖齒狀皮帶（而非傳統鏈條）驅動後輪。E-

bike的三段變速可依據路段坡度調整，兩邊的把手中間有一個顯示幕，提供最低到最高四種輔助等級可選。電池容量是每小時423瓦，可行進約100公里。使用一般的家用電源插座，充飽電大約需要五個小時，但充到80％只要三小時。26吋前、後輪都裝了高效碟煞，前、後車燈採用照明技術先進的LED燈。可想而知，如此現代的自行車當然也有特製的智慧型手機USB插槽，還提供專用的應用程式，不僅能顯示電池相關資訊，還可記錄行程、產生速度和海拔圖表，或是用特製的綁帶追蹤心跳速率。

262-263　如圖所示，250瓦的馬達裝在後花鼓內，續航力約100公里。

261

KEB MTB登山車

264-265　對南韓汽車製造商Kia來說，推出KEB City城市車和電動輔助登山車，象徵它要回歸本業。車身配備250瓦驅動裝置，配色讓人聯想到Kia的跑車。

　　KEB全稱「Kia電動自行車」（Kia Electric Bicycle），對Kia來說，推出KEB可說是回歸本業。這間南韓汽車製造商早在1944年就推出第一輛自行車，70年後，再度進軍自行車產業，推出兩款電動輔助自行車：一款城市車，一款登山車，都配備250瓦驅動裝置。由於出自汽車製造商之手，這兩款車先在2014年的日內瓦車展（Geneva Motor Show）參展，隨後才引入自行車界。可想而知，這款登山車就叫MTB（Mountain Bike，意指「登山車」），車上的鋰離子電池一律裝在車架下管，配備26吋車輪，以及可應付各種地形的輪胎，不輸其他登山車款。前叉配備100公釐的RockShox避震系統。和姐妹款「KEB City」城市車一樣，KEB MTB也由Kia位在南韓南陽的研發部門設計，組裝和檢查則是在德國進行。變速器和其他相關零件由Shimano供應，金屬車架採用先進的金屬沖壓加工技術，看起來像碳纖維材質。金屬沖壓加工和獨立鋼板自動焊接都是汽車製造技術，採用鋁材和各種鋼材則能省下製造成本。KEB MTB包括電池和馬達在內，總重20公斤。前面提到的250瓦馬達，最大扭力45牛頓公尺（Nm），動力源自可拆卸式充電電池。兩組電子零件都是韓國製。光使用馬達動力，KEB MTB時速可達25公里，續航力約為40公里，充飽電需要四個小時。

電動自行車如今甚至跨入了全地形車的領域！聽起來似乎不合常理，對登山車純粹派來說更是如此。確實，有了電動驅動裝置，即使體能不佳，也能輕鬆應付艱險路徑。Cannondale公司2014年推出的Tramount 29er，是電動輔助登山車中最有趣的車款之一。這款車根據使用的前叉類型，分成兩種型號；但都配備Bosch公司的250瓦驅動裝置，就裝在輕合金機殼內，連接到腳踏板，動能強勁，即使不踩踏板，時速也高達25公里。電池功率每小時400千瓦，同樣由Bosch公司製造，固定在車架上靠近驅動裝置的地方，盡可能降低全車重心。顯示幕位在把手中央，方便騎士檢查電池電量、電動驅動裝置和路線資訊。如車名所示，Tramount 29er車輪寬29吋，鋁合金車架線條流暢，沒有纜線外露。和其他Cannondale登山車一樣，Tramount 29er輪距較窄，頭角較斜，遇到障礙物可迅速轉向，靈活度極高。價位較高的Tramount 29er I則配備Lefty單臂前叉和Shimano XT零件組，辨識度極高。Tramount 29er 2配備雙臂RockShox前叉，以及十段變速的Shimano Deore零件組，與29er I的XT零件組一樣。考慮到驅動裝置和加裝了電池，總重18.6公斤情有可原。Tramount 29er與其他典型的登山車款一樣，也配備Shimano碟煞。

Cannondale公司的
Tramount 29er自行車

266 美國最負盛名的自行車品牌Cannondale，推出兩款Tramount 29er電動車，主打單臂前叉和Shimano XT傳動系統。不僅靈活度高，也能輕鬆轉向。

Cube公司的 Stereo Hybrid 140 電動輔助自行車

267　這款德製Stereo Hybrid電動輔助自行車配備中央減震器，用來驅動Bosch公司的250瓦引擎，提供三種設定。裝在車架上的電池非常顯眼。

德國品牌Cube出產各式各樣的登山車，也擴及在國內大受歡迎的電動輔助車款。在大約20款配備電動裝置的登山車中，Stereo Hybrid系列性能最強，具備120公釐或140公釐的避震行程，外加69.85公分或73.66公分的車輪，再艱險的越野路況都能應付自如。車架採鋁合金材質，前後避震行程可達140公釐，配備Fox公司的前叉，以Fox中央減震器調整後避震行程，提供爬坡、山徑和下坡三種設定。驅動裝置是Bosch公司的250瓦引擎，功率每小時400千瓦的同品牌電池就裝在車架上，位置十分顯眼。幾經考量後，Cube公司決定限制驅動裝置的功能，只協助騎士踩踏板。也就是說，曲柄組停止擺動後，驅動裝置也會停止運作。把手

中央顯示幕側邊有按鈕，可用來選擇四種功率等級和關閉驅動，還可查看騎乘數據和電池電量。Shimano XTR變速系統和11速後卡式飛輪，是Stereo Hybrid的一大亮點。據Cube公司說，有了電動驅動裝置的輔助和變速選擇，騎士可以毫無顧忌地挑戰各種艱險地形，這可能是Stereo Hybrid等電動輔助登山車的最大優勢。包括驅動裝置和電池在內，Stereo Hybrid車系的140 HPA SL 27.5車型總重21.5公斤，需要的話，車手可以單肩扛起自行車。藉著將驅動裝置裝在踏板上，並將電池裝在車架下管尾端，盡可能壓低重心，確保整輛車的機動性。使用Shimano XTR碟煞組、Race Face把手和28輻DT Swiss車輪組，也是這款車的特色。

作者簡介

羅貝多・古里安（Roberto Gurian）自1980年代起展開記者生涯，曾任職於多家汽車雜誌，之後成為自由工作者，目前與義大利《晚郵報》（Corriere della Sera）、《Auto》雜誌、《AM》雜誌及瑞士義大利語電視頻道RSI合作，負責汽車試駕與報導一級方程式賽車新聞。古里安也是業餘自行車手，這是他從小養成的興趣，至今熱情依然不減，每年堅持騎車將近1萬公里，而且速度不慢。除本書外，古里安在義大利White Star出版的著作有《賽車生活──偉大的F1賽車手》（Vite al volante. Storia e storie dei grandi piloti di Formula 1）。

索引

索引
c＝圖說

0-9
3D 204, 204c, 206
3D 列印機 204, 206c
3T 公司 179

A

After Shock（避震系統）231
Ambrosio 公司 229
Araya 公司 226
ax-lightness 公司 188c, 189

B

B'Twin 公司 94
B'Twin 公司的 Original 300 自行車 94, 94c
B'Twin 公司的 Original 300 自行車 E-Kit 版本 94
B'Twin 公司的 Original 300 自行車限量版 94
Bianchi 公司／自行車 15, 40, 41, 41c, 55, 55c, 91, 105, 105c, 110, 111c, 133, 248, 256, 257
Bianchi 公司的 Bersaglieri 自行車 54, 54c, 55, 55c
Bicyclette 小輪車 30
BionX（電動馬達）260
BME Design 公司 160, 161
BME Design 公司的 B-9 NH 黑色款 155, 158, 159c, 160, 161
BME Design 公司的 BME S72（座墊組）160
BME Design 公司的 X-9 自行車 161
BMW 61, 86, 86c, 87, 87c
BMW Cruise Bike 自行車 86c, 87, 87c
BMW Cruise M-Bike 自行車 87
BMW 電動自行車 87
Bosch 公司 87, 252, 266, 267, 267c
Bottecchia 公司 61, 67, 67c, 69c
Bottecchia 公司的 Alivio 27 段變速淑女車 75
Bottecchia 公司的 Alivio 27 段變速男仕車 75, 75c
Bottecchia 公司的 Alivio 27 段變速發電花鼓自行車 75
Bottecchia 公司的 Alivio 27 段變速車 74, 75, 75c
Bough Houten Fiets 混合動力自行車 156
Bough Human 自行車 156
Bough Race Fiets 競速車 156
Bough 自行車 156, 157, 157c
Brompton S2L 自行車 84c, 85
Brompton 自行車公司／自行車 60, 84c, 85
Brooks（座墊）41, 70, 71c, 78, 88, 91, 95, 184c, 185
BSA 公司（伯明罕輕型武器公司）49, 49c, 62, 62c, 63, 248
BSA 公司的消防自行車 49, 49c
BSA 公司的空降自行車 62, 62c
Budnitz 公司的三號自行車 95
Budnitz 公司的三號自行車 Honey Edition 95, 95c
Budnitz 自行車公司 61, 95

C

CAAD（Cannondale 先進鋁合金設計）131
CAD（電腦輔助設計）130c, 131
Campagnolo 公司 103, 106, 109, 109c, 135, 139c, 143, 169, 179

Campagnolo 公司的 Cambio Corsa（變速系統）100, 101c, 103
Campagnolo 公司的 C-Record（零件組）127
Campagnolo 公司的 Gran Sport（變速系統）105, 105c
Campagnolo 公司的 Record（零件組）110, 121
Campagnolo 公司的 Super Record（零件組）179, 151
Cannondale 公司 131, 266
Cannondale 公司的 CAAD 自行車 131
Cannondale 公司的 CAD3 自行車 130, 130c, 131
Cannondale 公司的 Raven 自行車 236, 237, 237c
Cannondale 公司的 Supersix Hi-Mod 自行車 142, 143, 143c
Cannondale 公司的 Tramount 29er 自行車 266, 266c
Carnielli 公司 67
Celerifere 兩輪車 14, 18, 19c
Chiorda Magni 自行車 110, 111c
Chris King 公司 188c
Cinelli 公司 113c, 121, 123, 125, 179, 223, 228c
Cinelli 公司的 Laser Pista 自行車 123, 124c, 125
Cinelli 公司的 Laser Rivoluzione Pista 自行車 124c
Cinelli 公司的 Rampichino 自行車 223, 228c, 229
Coda HeadShok Fatty（避震器）SL 236
Colnago Ferrari CF12 登山車 135
Colnago Ferrari CF1 自行車 135
Colnago Ferrari CF2 自行車 135
Colnago Ferrari CF3 自行車 135
Colnago Ferrari Concept 自行車 135c, 137c
Colnago Ferrari V1-R 公路車 135
Colnago Ferrari 自行車 5c, 135, 135c, 137c, 141c
Colnago 公司／自行車 5c, 99, 117, 117c, 135, 139, 139c
Columbus 公司 125, 163, 181, 181c, 184c, 185, 189, 229
Corima 公司的 Viva S（輪圈）151
Coventry Lever 三輪車 39
Cube 公司的 Stereo Hybrid 140 HPA SL 27.5 自行車 267
Cube 公司的 Stereo Hybrid 140 電動輔助自行車 267, 267c

D

Dawes Cycles 自行車公司 88
Dawes 公司 61, 88
Dawes 公司的 Galaxy 銀河自行車 88c, 89
Dawes 公司的進階 Galaxy 銀河自行車 88
Dawes 公司的極致 Galaxy 銀河自行車 88
Dawes 公司的經典 Galaxy 銀河自行車 88
Draisienne（法文的德萊斯腳蹬車）18
DT Swiss 公司 245, 267

E

《E.T. 外星人》222
Easton 公司 133
Ello 社群網站 95
ENVE Composites 公司 188c, 189
e-Solex 自行車 252
Esperia di Cavarzere 集團 91

F

F-117 夜鷹戰鬥機 155, 159c, 160
F1 前叉 235
Ferrari 公司 5c, 99, 135, 139c
Fizik 公司 189

Fizik 公司的 Antares（座墊）143, 151
Fizik 公司的 Arione（座墊）145
Foes 公司的 LTS 自行車 233, 235, 235c
Fox Alps（後避震器）236
Fox 公司 267
Freccia Mono V 型把手 185, 185c
FSA SL-K 把手 151
FSA 公司 143

G

Gates 公司 95, 173, 175c
Gitane 公司／自行車 106, 106c, 107c, 109, 109c
Grace 公司 260
Graziella Cross 自行車 67
Graziella Leopard 自行車 67
Graziella 金版自行車 67, 67c
Graziella 摺疊式自行車 60, 66c, 67, 67c, 69c

H

Helyett 自行車 109
Hope 公司 173
Humber Cripper 三輪車 38c, 39, 39c
Humphries and Dawes 公司 88

I

Impex 公司 252
Italia Veloce 公司 184c, 185
Italia Veloce 公司的 Audace 自行車 185
Italia Veloce 公司的 Magnifica 自行車 182, 183c, 184c, 185, 185c
Italia Veloce 公司的 Ribelle 自行車 185
Izzy 塑膠自行車 200, 201, 201c, 203, 204

K

KEB（Kia 電動自行車）249, 264, 264c, 265
Kia 公司 61, 249, 264c, 265

L

Lautal 自行車 65
Lefty（單臂前叉）266
Legnano 公司／自行車 56, 57, 57c, 91
Legnano 公司的復古紳士車 90, 91, 91c
Lockheed 公司 159c, 160
Look 公司 113, 113c, 127, 127c, 133, 151
Look 公司的 Blade 2 踏板 151
Look 公司的 KG86 自行車 127, 127c
Look 公司的 PP65 卡踏 127, 127c
Lotus 108 自行車 129, 129c
Lotus 公司 129
Luna 自行車 195, 204, 204c, 206c

M

M71 卡式踏板 113, 113c
Machine For Riding 自行車 11, 155, 186, 187c, 188c, 189, 191c
Mafac 公司 226

Manhattan 72
Marathon 公司 95
Mavic 公司 121, 129, 143, 163, 164c
Mavic 公司的 Cross Max（車輪）238
MBM 公司的 Nuda 自行車 61, 76, 77, 77c
McLaren MI2C 149c
McLaren 公司 99, 135, 146
McLaren 公司和 Specialized 公司的 S-Works Tarmac 自行車 146, 146c, 149c
Mosquito 引擎 249, 256, 257, 257c
Motobécane 公司 252
Mountain Cycle 公司 230, 231
Mountain Cycle 公司的 San Andreas 自行車, 230, 230c, 231

N

Nissan 235

O

OmniTerra 胖胎車 243
ÖWG 公司（Österreichische Waffenfabriks-Gesellschaft）47

P

Pantone 公司 70
PAS（動力輔助系統）218
Pedaliera 160
Peugeot Frères 公司（寶獅公司的早期名稱）44c, 50c
Pinarello Dogma 2 自行車 144c, 145
Pinarello Dogma 65.1 自行車 144c, 145
ProStop（液壓浮動式碟煞）231

R

Race Face（把手）267
RAL（色卡）70
Rampichino 自行車 223, 228, 229
Reynolds 公司 88, 88c, 121, 163
Ritchey 公司 226
RockShox 231, 265, 266
Rodi 公司的 Airline 車輪 87
Rohloff Speedhub 公司 95, 173, 175c
Rossignoli 公司 70, 71c
Rossignoli 公司的 Garibaldi 71 自行車 70, 70c
Roval 公司 146, 146c
Rover 安全自行車 32, 36, 36c, 37
Rover 自行車 37
Rover 自行車公司 37
Rusby 自行車公司 163
Rusby 自行車公司的 Jake's Town 自行車 162, 163, 163c

S

Sachs（後變速器）236
Sada 自行車 196, 196c, 199c
Sartoria Cicli 公司 154, 178c, 179
Sartoria Cicli 公司的 Forbici d'Oro SC001 場地車 179
Sartoria Cicli 公司的 Forbici d'Oro SC002 競速車 179
Sartoria Cicli 公司的 Forbici d'Oro 自行車 176, 177c, 179
Sartoria Cicli 公司的 Vestita 自行車 179
Schwalbe 公司 80, 82c, 88, 95, 156
Schwarzbrenner 公司 173
Schwinn Street Series Chopper 224c
Schwinn 公司 61, 67, 80, 83c, 224c
Schwinn 公司的 Vestige 自行車 80, 81c, 82c, 83c
Schwinn 公司的刺虹 Krate 224
Schwinn 公司的刺虹自行車 67, 222, 224, 224c, 225c
Schwinn 公司的橘版刺虹 Krate 自行車 224, 225c
Scott 公司的 Genius 700 自行車 238, 240c
Scott 公司的 Genius LT Tuned 自行車 238, 240c
Scott 公司的 Genius MC10 自行車 238
Scott 公司的 Genius RC10 比賽用車 238
Scott 公司的 Genius 自行車 238, 239c
Selle Italia 公司 133, 217
Shimano 公司 11, 75, 78, 80, 87, 94, 95, 143, 145, 145c, 244, 254, 265, 266

Shimano 公司的 Alivio（零件組）75, 80, 82c
Shimano 公司的 CS（變速系統）245
Shimano 公司的 Deore（零件組／傳動系統）87, 226, 229, 266
Shimano 公司的 Dura-Ace 7400（零件組）127
Shimano 公司的 Dura-Ace 7700（零件組）130, 131, 132c, 133
Shimano 公司的 Dura-Ace Di2（零件組）143, 145, 146, 189, 191c
Shimano 公司的 Nexus（傳動系統）67, 72, 78, 78c
Shimano 公司的 SLX（零件組）245
Shimano 公司的 STI Alivio（傳動系統）88
Shimano 公司的 Tiagra（傳動系統）88
Shimano 公司的 XT（零件組／傳動系統）231, 236, 266, 266c
Shimano 公司的 XTR（零件組／傳動系統）236, 238, 267
Simplex（變速系統）65, 65c, 109
Sizemore 公司 209, 213c
Sizemore 公司的 Denny 自行車 195, 209, 209c, 210c, 213c
SLS（選擇性雷射燒結）204
Smart 公司 61, 249, 260
Smart 公司的 Ebike 自行車 249, 259, 260c
Solex 公司 250c, 252, 252c
Specialized 公司 99, 146, 149c, 151, 226, 226c, 243
Specialized 公司的 Stumpjumper 222, 226, 226c
Specialized 公司的 S-Works McLaren Tarmac 自行車 146, 149c
Specialized 公司的 S-Works Tarmac SL4 自行車 151
Specialized 公司的 S-Works Tarmac 自行車 150c, 151
SRAM（變速系統）156, 238
Steyr-AG 公司 47
Steyr-Daimler-Puch 公司 47
Steyr 47
Steyr 公司的 Waffenrad 自行車 46, 47, 47c
Super V Raven（車架）236, 237c
Surly 公司 243, 244, 244c, 245
Surly 公司的 Moonlander 胖胎車 242, 243, 243c
Surly 公司的 Pugsley OmniTerra 胖胎車 243
Surly 公司的 Pugsley 胖胎車 243, 243c, 244c, 245

T

Tarmac 自行車 146, 146c, 149c, 150c, 151
Taurus 公司的 Lautal 自行車 65
Taurus 公司的 Super Lautal 自行車 65, 65c
Teague 公司 209, 213c
Torpado 公司 91
Torpedo（後輪花鼓）56
Trek 公司 243
TUNE 公司 173
TVT 公司 127
TwinLoc 系統 238, 240c

U

Ultracicli 公司 181
Ultracicli 公司的 Doppietta 自行車 181
Ultracicli 公司的 Porteur 自行車 181, 181c
Univega 公司的 Alpina Pro 自行車 226
Universal 公司 105
USB 插孔 260, 260c

V

Vandeyk 自行車 188c
Vandeyk 公司的 Machine For Riding 自行車 11c, 186
Vandeyk 現代自行車公司 188c, 189
Veloboo Gold 自行車 154, 166, 167c, 168c, 169, 169c
VéloSolex Comfort 摺疊式電動輔助車 254c
VéloSolex e-Solex 電動輕型機踏車 252
VéloSolex S3800 輕型機踏車 252
VéloSolex 輕型機踏車 67, 249, 250c, 251, 252, 256
Vuelo Velo 公司 170c, 173
Vuelo Velo 公司的 Copenhagen 自行車 170c, 171, 173
Vuelo Velo 公司的 Velo 8 競速車 173

W

Waffenrad 自行車 47
Wilier Triestina 自行車 132c, 133

Z

Zipp 公司 143

一筆

一小時場地紀錄 114c, 115, 117, 117d, 121
一級方程式賽車（F1 賽車）129, 135, 139c, 146, 187c, 189

三筆

三瓦雷奇涅山谷賽 113
三輪車 8, 15, 35, 35c, 38c, 39, 44, 70, 155, 218
凡札蓋洛 65
大小輪車 30, 32, 35, 37
大西洋羅亞爾省 109
女用腳踏車 29
小環法賽 145
山葉公司的 PAS With 自行車 218, 219c
山葉公司 195, 218, 219
川崎公司 231

四筆

中國 93
丹尼斯·強生 39
公共自行車 155, 156
公路車 60, 72, 121, 124c, 125, 131, 135, 187, 222
厄內斯特·米修 24
天空（車隊）145
天津 92c, 93
尤金·梅爾 30, 30c
巴提斯塔·巴比尼 110
巴塔利的 Legnano 自行車 100, 100c, 103, 103c
巴塞隆納奧運 129, 129c
巴黎 14, 17, 24, 29, 29c, 30, 35, 40, 41c, 43, 66c, 110, 150c, 248
巴黎世界博覽會 35, 44
巴黎－布魯塞爾大賽 53
巴黎自行車錦標賽 41, 41c, 44, 44c
巴黎巡迴賽 53
巴黎的卡納瓦雷博物館 17c
巴黎－南特大賽 44
巴黎腳踏車公司 24
巴黎踏板車展覽 30
巴黎－盧貝大賽 121, 135
手工自行車 124c, 152-186, 154, 160, 169, 181, 185, 187c, 189
文森斯的自由車場 44
文森佐·尼巴里 98, 150c, 151
日內瓦車展 265
日本 226
木製車架 23c
木製車輪 156

五筆

且塞納 76
世界登山車馬拉松錦標賽 238
加州 223, 224, 229
北京 92c
卡式踏版（卡踏）8, 99, 127, 127c
卡洛·吉拉迪 256
卡爾·克里斯欽·路德維希·馮德萊斯 17, 17c, 18, 23
古巴 93
古貝弗瓦 252
可調式車架 43
史坦利自行車大展 37
史蒂芬·法拉法勒 39
司徒加特 188c, 189
尼爾·辛普森 217
尼龍車架 205c
布加迪（車隊）109

布希昂松 126c
布拉提斯拉瓦州 161
布倫特 · 弗斯 232c, 235
布倫福 85
布朗夏爾和馬奎爾 39
布來頓 31
布萊德利 · 威金斯 98, 144c, 145
布隆米奇堡 88
布雷夏 41
布魯克林 72
布魯克林自行車公司 61, 72, 73, 73c
布魯克林自行車公司的 Driggs 七段變速車 72
布魯克林自行車公司的 Driggs 三段變速車 72, 73, 73c
布魯克林巡航車 72
布魯斯 · 麥克拉倫 149c
弗朗哥 · 托西 91
弗蒙特州 95
瓦倫提涅 44
瓦雷本 56
白修士區 49
皮耶 · 米修 24
皮皮特拉桑札 181
皮帶傳動／驅動 95, 156, 161, 163, 163c, 173, 201, 204, 217

──── 六筆 ────

交叉輻條車輪 32, 32c
伊拉克 160
木馬 18
吉安尼 · 莫塔 111c
吉昂 · 費迪南多 · 托馬塞利 40, 41, 41c
吉昂盧卡 · 沙達 196
吉梅鏈條傳動自行車 30
吉諾 · 巴塔利 56, 91, 98-100, 101c, 103, 103c, 110, 113
安全自行車 14, 15, 30, 32, 36, 36c, 37, 38c, 39, 44, 62
安東尼奧 · 可倫坡 125, 228c, 229
安傑洛 · 特拉培提 110, 111c
安塔 · 薩萊 154, 166, 168c, 169
安德烈 · 吉梅 30, 30c
安德魯 · 里奇 85
安濟奧 62c
曲柄 23, 65, 76, 117, 119c, 146, 151, 160, 169, 267
曲柄傳動 23, 23c
竹製車架 154, 169
米其林 43
米修家族 14, 24, 25, 27c
米修腳踏車 24, 24c, 25, 27c, 29, 29c, 30, 32
米蘭 41, 65, 70, 179, 181
米蘭的自由車場 41
米蘭－聖雷莫大賽 53, 53c, 56, 113, 131, 222
《米蘭體育報》 41c
考文垂 32, 32c, 47
自由車世界錦標賽 44, 56, 57c, 91, 105, 110, 121, 121c, 131
自由車場地世界錦標賽 41c
自由車距離的世界紀錄 129
自由車賽 8, 121, 125, 232c
艾托雷 · 奇歐達 110
艾米里歐 · 波茨 91
艾米特 · 拉塔 43
艾杜阿多 · 比安奇 41, 41c, 181
艾迪 · 莫克斯 56, 99, 110, 114c, 115, 117, 117c, 119c, 121, 121c
艾麗兒車 32, 32c, 35, 37
西雅圖 209, 209c

──── 七筆 ────

亨利 · 傑哈爾 43
伯明罕 62, 88
伯納德 · 伊諾 109, 126c, 127
佛羅倫斯 103
佛羅倫斯吉諾 · 巴塔利自行車博物館 103
克里斯 · 弗路姆 145

克里斯 · 博德曼 129, 129c
克雷斯帕拉 105
克維拉纖維齒狀皮帶 203
坎比亞哥 117
庇里牛斯山脈 110
汽車工業研究協會 129
沃金 146, 149c
沃康松 30
貝雲到波爾多 53
貝爾弗赫 35
里納多 · 董澤利 67
里爾 94

──── 八筆 ────

亞麻纖維車架 61, 80, 81c
亞爾比諾 110
佩斯特到康成 53
奇提利歐 56
奇提利歐的賓達博物館 56
奇諾 · 奇涅里 113, 229
尚皮耶 · 寶獅和尚弗雷德里克 · 寶獅 35
帕爾米羅 · 托里亞帝 103c
帕爾馬 185
底特律 117
拉法葉 · 傑米尼亞尼 107c, 109
拉爾夫 · 布蘭德 189
明日之星大賽 110
明尼蘇達州 223, 243
東京車展 218
法國 18, 39, 41c, 43, 47, 49, 55, 94, 121, 121c
法國侏羅地區 156
法爾濟萊索 131c
波多伊 105c
空降自行車 62, 62c
芝加哥 21c, 122, 125
芝加哥的科學與工業博物館 21c
芝加哥的當代藝術博物館 , 122c, 125
花紋布料包覆車架 179
金羅盤設計大獎 124c
長途旅行車 61, 75, 75c, 80, 88, 185
阿克馬 156
阿拉斯加州 243
阿倫特 · 凡 · 戴克 189
阿普度耶山 126, 132c, 133
阿爾弗雷多 · 賓達 56, 57c, 91
阿爾芒 · 寶獅 44
雨果 · 科布雷特 105c

──── 九筆 ────

保時捷 189
保羅 · 巴德尼茨 95
冠軍中的冠軍（法福斯托 · 寇比） 105, 105c
南非 62
南特 109
南陽 265
南韓 265
哈利 · 勞森 30, 31c
城市車 70, 70c 76, 77c, 80, 91, 94, 95, 156, 163, 163c, 169, 179, 185, 195, 199c, 201, 203, 209, 213c, 217, 217c, 260, 264c, 265
威廉 · 希爾曼 32, 32c
威廉 · 蘇頓 37
威爾斯格紋 179
柏林頓市 95
查爾斯 · 莫瑞 43
柯派崔克 · 麥克米倫 14, 20, 21c, 23, 23c, 29, 29c
柯特希爾 23
洛杉磯 235
科斯唐提 · 吉拉登戈 110
約西亞 · 透納和詹姆斯 · 史達雷 24, 47
約翰 · 史達雷 15, 24
約翰 · 史達雷和威廉 · 蘇頓 37

約翰 · 肯普 · 史達雷 32, 36, 36c, 37
美國 61, 93, 117, 131, 156, 209, 222-224, 223, 229, 231, 243
胖胎車 223, 243, 243c
英吉利海峽 24
英格蘭 18, 24, 39, 47, 129, 248
英國 35, 39, 44, 49, 163
計時賽用車 110, 124c, 125
軍用自行車 14, 43, 43c, 47, 47c, 49, 55, 55c, 62, 62c, 88
迪卡儂集團 94, 94c
飛鴿 PA-02 男用車 92c, 93
飛鴿 PA-06 男用車 92c, 93
飛鴿 PB13 淑女車 92c, 93
飛鴿自行車公司 61, 92c, 93
食人魔（艾迪 · 莫克斯） 121, 121c

──── 十筆 ────

倍耐力公司 105
倫敦 32, 49c, 85, 129, 163, 201, 201c
倫敦設計博物館 129
埃勒寇萊 · 巴迪尼 91
西夫拉克伯爵 14, 18
座 桿 56, 76, 78, 87, 124c, 135, 143, 151, 169, 189, 203, 209, 217, 231, 237c
庫沙諾米蘭尼諾 121
庫非紐內 56
恩佐 · 法拉利 135, 135c
恩涅斯托 · 可納哥 114c, 117, 135, 135c
拿破崙 50c
拿破崙三世 24
格拉茲城 47
格拉斯哥 21c, 23, 29
格拉斯哥交通博物館 29
格勒諾勃 43
海盜（馬可 · 潘塔尼） 132c, 133
海瑟爾 129
烏利 · 薩德 200, 201
烏哥 · 德 · 羅沙 121
納維爾 127
紐柏林（賽道） 56, 57c
紐約 72, 73c
紐倫堡 65
追逐賽 129, 129c
配備 Mosquito 引擎的 Bianchi 自行車 257
馬可 · 杜納提 181
馬可 · 馬特利 181
馬可 · 潘塔尼 132c, 133
馬汀 · 倫維克 170c, 173
馬利歐 · 奇波利尼 130, 130c, 131, 131c
馬拉涅羅 135
馬特拉（車隊） 109
馬牌公司 189
馬牌公司的 Cruise Contact（輪胎） 87
馬達（引擎、驅動裝置） 8, 44, 44c, 87, 94, 201c, 217, 218, 219c, 220-242, 248-250, 252, 252c, 256, 257, 260, 261c, 264-267
馬榭庫 109, 109c
馬賽爾 · 布涅列爾 109c

──── 十一筆 ────

國際自由車總會（UCI） 129, 224
捷克 155
曼德赫 35
曼德赫－博略 44
桿式煞車 55, 91c, 93, 256
淑女車 15, 29, 29c, 65, 65c, 67, 70, 70c, 75, 75c, 76, 78, 80, 83c, 91, 92c, 93
理查 · 希爾 129, 129c
組合式自行車 84c, 85
荷蘭 156
莫里左 · 方德瑞斯 91
莫爾塔尼（車隊） 111c, 117, 121

莫德納 135, 141c
莫濟納 132c
雪梨 170c, 173
麥可・舒馬赫 135, 139c
麥克・布羅斯 129, 129c
麥克・新亞 226

────── 十二筆 ──────

傑克・拉斯比 163
「傑哈爾上尉」自行車 43, 43c, 47, 47c, 55
傑恩・甘納維格 154, 156, 157
傑梅恩・德里卡 105
傘兵自行車 82
凱斯・哈林 122c, 125
喬治・布朗傑 43
單體車架 129, 135, 230c, 231
場地車 41, 44, 113, 122c, 123, 124c, 125, 135c, 179
場地越野自行車（BMX）94, 224, 226
富士公司 195, 209, 209c
敦夫里斯 21c, 23
斯洛伐克 161
智慧型手機 260, 260c
湯瑪斯・弗里斯耐伊特 238
無輻條車輪 194, 196, 196c
登 山 車 8, 72, 75, 91, 94, 135, 222-224, 226, 226c, 228c,
229, 230, 230c, 231, 232c, 235, 236, 238, 243, 249
登祿普公司 37
杜拉鋁車架 65
菲利伽・吉蒙迪 99, 110, 111c
萊恩・薩加塔 72
費迪南・庫柏勒 105
費歐倫佐・馬恩尼 110
超級馬利歐（馬利歐・奇波利尼）131, 131c
越野輪胎 226, 226c
鈦合金車架 95, 170c, 173
塑膠自行車 201, 201c
奧立佛・傑米耶 214c, 215
奧地利 47
奧利弗耶兄弟 24

────── 十三筆 ──────

楊・烏爾里希 133
概念自行車 8, 139c, 155, 161, 192-218, 219c, 252
獅子王（馬利歐・奇波利尼）131, 131c
獅子商標 44
瑞士 121, 121c
義大利 55, 65, 67, 103, 105, 109, 135, 223, 228, 229, 249,
256
義大利皇室 41
聖拉法葉（車隊）106c, 107c, 109
聖提田 132c
法福斯托・寇比 56, 91, 99, 105, 105c, 109, 110, 113
腳煞（倒煞）56, 57c, 184c, 185, 202c, 203
葛列格・勒蒙 126c, 127
裴薩諾 91
詹姆斯・史達雷 32, 32c, 39
詹姆斯・史達雷和約西亞・透納 24, 47
賈克・安克提 106, 106c, 107c, 109, 109c
達文西 5c, 14, 30
雷法山 110
雷蒙・普利多 110, 121c
電池 70, 85, 94, 143, 143c, 195, 209, 210c, 217, 252, 254c,
260, 260c, 265-267, 267c
電 動 自 行 車 87, 94, 209, 218, 249, 252, 252c, 259, 260,
260c, 265
電動輔助自行 8, 61, 85, 87, 195, 201c, 213c, 219c, 246-267
電動輔助登山車 249, 252c, 264c, 265-267, 267c

────── 十四筆 ──────

圖利歐・康帕紐羅 98, 103
圖馬列山 121c

實心輪胎 37, 47, 47c, 55, 55c
摺疊自行車 43, 43c, 47, 47c, 55, 55c, 60, 62, 66c, 67, 69c,
84c, 85, 194, 196, 219c, 254c
榮輪公司 75, 87, 87c
榮輪公司的 ARX（變速系統）226
漢斯 91
瑪莉・艾尼斯汀・布蘭奇・東緹妮 29c
碟煞 87, 87c, 95, 161, 173, 173c, 175c, 218, 224, 231, 238,
252, 260, 260c, 266, 267
碟輪 124c, 125, 129
碳纖車輪 124, 146, 173
碳纖維車架 99, 127, 127c, 129, 129c, 135, 139c, 143, 143c,
151, 160, 187c, 215, 238, 240c
碳纖維複合車輪 117, 139c
碳纖齒狀皮帶 164c, 260
福吉沙芬 80
福特 235
福特 T 型車 93
維托里奧威尼托 67
維托里歐・亞多尼 110
蓋文・達賽爾 23, 29
蓋瑞・費雪 229
賓士 189
賓達的 Legnano 自行車 56, 56c, 57, 57c
輕型機踏車 44, 201, 248, 252

────── 十五筆 ──────

墨西哥市 114c, 117, 117c, 121
墨西哥市的自由車場 117c
彈簧座墊 19c, 49, 70, 70c, 93
德國 65, 87, 95, 173, 188c, 265, 267
德萊斯腳蹬車 14, 17, 18, 19c, 23, 24
慕尼黑 86c, 87
歐洲 75, 75c, 80, 93, 117, 223, 243,
歐洲自行車展金獎 80
歐勒・里特 117, 117c
歐瑪・薩吉夫 194, 195, 200-204, 201c, 206c
澄澈生活（車隊）127
複合車架 127, 146, 236, 237c
踏板式自行車 20
踏板車 8, 9c, 15, 24, 25, 29, 29c, 30, 32, 32c, 35, 35c, 37,
39, 43, 44, 47, 185
踏板連接到車輪 9c
踏板藉由連桿連接 29
輪胎（管狀）117, 151
輪胎帶有內胎 39
輪胎帶有反光條 78
鋁合金車架 65c, 67, 69c, 75, 75d, 87, 121, 130c, 131, 132c,
133, 196, 196c, 203, 217, 218, 230c, 231, 237c, 238, 252c,
254c, 260, 266, 267
鋁合金車輪 70, 71c, 91
震骨車 18, 24c
齒狀皮帶 95, 156, 161, 163, 173, 175c, 201, 209, 217, 218,
260

────── 十六筆 ──────

機車 15, 35, 37, 44c, 49, 86c, 98, 218, 223, 248, 249
機車越野賽 8, 222, 224, 231
機動自行車 248
機動自行車 44
橡木車架 156, 157c
澳洲 49, 170c, 173
盧加諾 105, 105c, 238
盧伊森・巴貝特 105
盧多維奇・摩罕 44, 44c
呂西安・小布列塔尼 50, 50c, 53, 53c
呂西安・喬治・馬贊 53
諾里治 129
諾曼第 109
鋼製車架 53, 70, 71c, 72, 76, 78, 88, 88c, 91, 93, 94, 95,
109c, 113, 117, 124c, 127, 163, 163c, 164c, 181c, 184, 185,

189, 226, 229, 244c, 245
鋼製車輪 53

────── 十七筆 ──────

環皮埃蒙特賽 56, 113
環西賽 110, 131, 145
環亞平寧賽 113
環 法 賽 50c, 53, 53c, 56, 103, 103c, 107c, 109, 110, 111c,
117, 121c, 126c, 127, 131, 131c, 133, 144c, 145, 145c,
150c, 151, 222
環保自行車 61, 80, 156, 157c
環倫巴底賽 56, 113
環瑞士賽 121, 121c
環義賽 56, 98, 105c, 109, 110, 117, 121, 121c, 131, 133
賽吉奧・賓尼法利納 252, 254c
鎂合金車輪 145, 145c
舊金山 230c, 231
舊金山的現代藝術博物館 230c, 231

────── 十八筆 ──────

薩科（車隊）131
索塞克斯侏儒 31c
薩爾瓦多・達利 66c, 67
薩爾法拉尼（車隊）110
雙人協力車 44, 67, 70
雙海賽 151
騎士優先科技車架 151
鯊魚哥（文森佐・尼巴）150c, 151

────── 十九筆 ──────

羅伯特・克里伯 39, 39c
羅伯特・賴森傑 231
羅沙諾威尼托 133
羅倫・費儂 109
羅馬 56
鏈條傳動 9c, 15, 29, 30, 31c, 35, 35c, 37, 39, 44

────── 二十筆 ──────

寶獅公司 15, 35, 43, 44, 44c, 53, 55, 60, 61, 78, 195, 248
寶獅公司的 B1K 自行車 195, 214c, 215
寶獅公司的 DL122 自行車 195, 216, 217, 217c
寶獅公司的 eDL122 自行車 217
寶獅公司的 Grand Bi 自行車 34, 35, 35c
寶獅公司的 Legend LC11 自行車 78, 78c, 79
寶獅公司的小布列塔尼自行車 50, 50c
寶獅公司的獅子自行車 44
競速車／比賽用車 8, 14, 15, 35, 39, 41, 53, 60, 70, 72, 75,
91, 94, 96-151, 156, 163, 164c, 173, 179, 181, 185, 187c,
222, 223, 226c, 235

────── 二十一筆 ──────

鐵十字山 103c
驅動輥 250c, 252, 256

────── 二十二筆 ──────

鑄鐵車架 24

圖片來源

國家地理精工系列 經典自行車

作　者：羅貝多‧古里安
翻　譯：陳心晏、高尉庭、王婉卉、廖崇佑
主　編：黃正綱
責任編輯：蔡中凡
文字編輯：許舒涵、王湘俐
美術編輯：吳立新
行政編輯：秦郁涵

發 行 人：熊曉鴿
總 編 輯：李永適
印務經理：蔡佩欣
美術主任：吳思融
發行副理：吳坤霖
發行主任：吳雅馨
行銷企畫：汪其馨、鍾依娟

出 版 者：大石國際文化有限公司
地　址：台北市內湖區堤頂大道二段 181 號 3 樓
電　話：(02) 8797-1758
傳　真：(02) 8797-1756
印　刷：群鋒企業有限公司

2016 年（民 105）8 月初版
定價：新臺幣 1200 元／港幣 400 元
本書正體中文版由
De Agostini Libri S.p.A. 授權大石國際文化有限公司出版
版權所有‧翻印必究
ISBN：978-986-93458-0-4（精裝）
＊ 本書如有破損、缺頁、裝訂錯誤，請寄回本公司更換
總代理：大和書報圖書股份有限公司
地　址：新北市新莊區五工五路 2 號
電　話：(02) 8990-2588
傳　真：(02) 2299-7900

國家圖書館出版品預行編目（CIP）資料

國家地理精工系列 經典自行車
羅貝多‧古里安 Roberto Gurian 作；陳心晏、高尉庭、王婉卉、廖崇佑 翻譯．
-- 初版 . -- 臺北市：大石國際文化 , 民 105.8
272 頁；24.8 × 28.3 公分
譯自：Bicycles - Past, Present and Future
ISBN 978-986-93458-0-4（精裝）
1. 腳踏車
447.32　　　　　　　　　　105013462

國家地理學會是全球最大的非營利科學與教育組織之一。在 1888 年以「增進與普及地理知識」為宗旨成立的國家地理學會，致力於激勵大眾關心地球。國家地理透過各種雜誌、電視節目、影片、音樂、無線電臺、圖書、DVD、地圖、展覽、活動、教育出版課程、互動式多媒體，以及商品來呈現我們的世界。《國家地理》雜誌是學會的官方刊物，以英文版及其他 40 種國際語言版本發行，每月有 6000 萬讀者閱讀。國家地理頻道以 38 種語言，在全球 171 個國家進入 4 億 4000 萬個家庭。國家地理數位媒體每月有超過 2500 萬個訪客。國家地理贊助了超過 1 萬個科學研究、保育，和探險計畫，並支持一項以增進地理知識為目的的教育計畫。

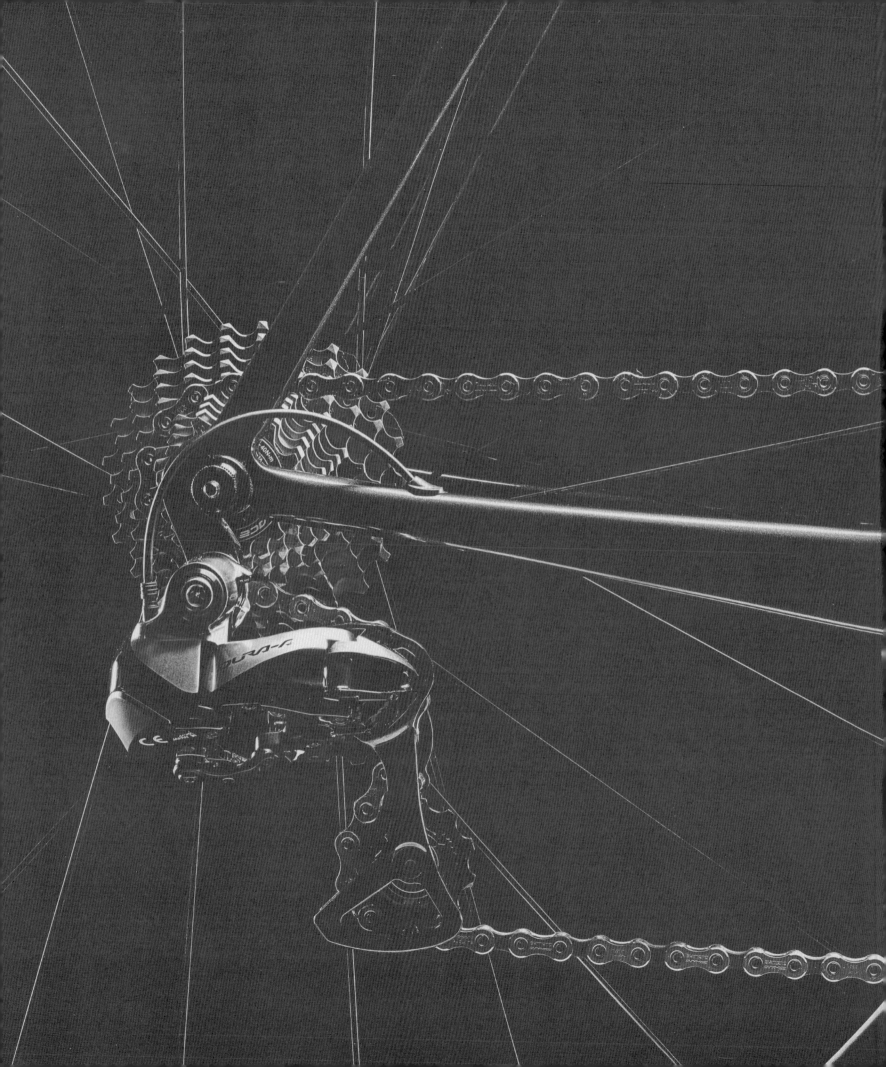